手ごねで作る
ほっこりかわいいキャンドル

AYANO
(pieni takka)

CONTENTS

は じ め に

優しくて、温かい気持ちになれるpieni takka（ピエニタッカ）の世界へようこそ。
キャンドルインストラクターのAYANOです。
pieni takkaとは、フィンランド語で「小さな暖炉」という意味。
世界一キャンドルを灯す国、北欧からインスピレーションを受けて
さまざまなテイストの「手ごねキャンドル」を表現しています。

私がキャンドル作りを始めたのは28歳の時。
感性のままに、色や形、香りを自由自在に作り上げる、
キャンドルの世界との出会いはとても運命的なものでした。

100％オリジナルで、世界にたった1つのデザイン。
アイデアは、みなさんのひらめき次第で無限です。
森の世界観や思わずほっこりするテイスト、
手ごねならではのひずみも愛おしい。

さぁ、楽しくおしゃべりをしながら
一緒にかわいらしい森の中へお散歩に出かけましょう。

pieni takka　AYANO

Attention

作り始める前に知っておきたいこと

制作時の注意点

- ワックスは可燃物のため、150〜160℃で煙が上がり、約220℃以上で引火します。そのため、ワックスの加熱中は絶対にその場から離れず、温度計から目を離さないようにしてください。

- 鍋に残ったワックスは、シリコンモールドなどの型に移し、鍋の中のワックスは温めてからペーパーなどで拭き取ってください。

- 万が一、引火してしまった場合は、素早く鉄板や濡れタオルで鍋に蓋をし、空気を遮断して消火してください。この時、ワックスが飛び散る危険があるため、水は絶対にかけないことが大切です。

- 制作時はワックスが気化するため、必ず換気をしながら作業してください。

- 制作中にワックスが飛び散ることがあるため、エプロンの着用や汚れてもよい服装がおすすめです。

使用上の注意点

- 点灯したキャンドルからは絶対に目を離さないでください。

- 連続して3〜4時間以上は灯さないようにしましょう。

- 安定したテーブルの上や、安全な場所で使用してください。

- ピラーキャンドルや手ごねキャンドルなどは、耐熱性皿や容器の上に置いて使用してください。

- 炎が高い場合は芯を少し切って使ってください。適切な長さは約1cmです。芯を切る時は、必ず火が消えた状態で行いましょう。

- 引火する恐れのあるものの近くでは、火を灯さないでください。

- 保管する時は、お子様の手の届かないところに置いてください。

- 火を消した後は、表面のワックスが完全に冷めてから片付けてください。

- 制作したキャンドルは、時間とともに変質や変形、変色することがあります。

- 完成品は、直射日光の当たらない涼しい場所で保管してください。

- 材料に使用するワックスは、湿気が少ない場所や直射日光の当たらない場所で保管してください。

- キャンドルが型から抜けない場合は、両サイドから力をかけてもむように押しながら取り出します。それでも抜けない場合は、冷蔵庫や冷凍庫で数分ほど冷やすと抜けやすくなります。

Chapter 1

キャンドル作りの
基礎知識

手ごねキャンドルを作り始める前に知っておきた
い、キャンドル作りの基礎知識をご紹介。用意する
道具や材料、キャンドルのベーシックな作り方など
を解説します。

Handmade candle

手ごねキャンドルの魅力

ワックスを手でこねて作るキャンドルは誰でも夢中になれる魅力がいっぱい！世界に一つだけのキャンドルが作れるのも「手ごねキャンドル」の醍醐味です。

オリジナルのキャンドルが作れる！

粘土をこねるような感覚で、好きな形に自由自在。想像力が膨らむ楽しさがあります。

灯した後も楽しめる！

粘土遊びは完成したら終わりですが、手ごねキャンドルは灯した時の香りや、ろうが美しく溶ける様子も楽しめます。

質感をリアルに表現できる！

こね終えた後は、表面をブラシで削ったり、おろし器で粉を降らせたりと、お菓子作りのようにデコレーション。工夫次第でリアリティのある作品に仕上がります。

絵を描くように色づけできる！

色をつける時は筆を使います。さまざまな色を重ねることで、求める色の風合いを表現できます。

Handmade candle

基本の道具

キャンドル作りで用意する基本的な道具をご紹介。すべて揃えなくても、お菓子作りの材料
や台所にある道具などで、一部代用することができます。

IHヒーター
ワックスを温めて溶かす時に
使う。ガスコンロなどの直火
は引火する危険があるため使
用しないこと。

ホーロー鍋
ワックスを温めて溶かす時に
使う鍋。

フライパン
キャンドルの底を平らにした
り、少しだけワックスを溶か
したりしたい時に使用。

ヒートガン
キャンドルの表面を溶かした
り、道具などを掃除したりす
る際に使用。300〜600℃の
熱風が出るため、火傷に気を
つけること。

ホーロービーカー
液体ワックスにベースのキャ
ンドルをディッピング（浸す）
するための容器。

シリコンモールド
キャンドルの形を作りたい時
や、余ったワックスを固めたい
時に用いる。キャンドル用か
らお菓子用まで、豊富な種類
から好きなデザインを選ぼう。

シリコンスプレー
シリコン素材以外の型（モー
ルド）を使う時に、型の内側
に吹きかけて固まったキャン
ドルを外しやすくする効果が
ある。

トイレットペーパー
鍋に残ったワックスを拭き取
る時や、清掃時に使用。

ミトン
熱くなった鍋やモールドを持
つ時に活用する。

スケール
ワックスの容量を計量する秤。

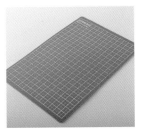

カッターボード
カッターでワックスをカット
する時に下敷きとして使う。

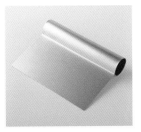

スケッパー
作業台にこびりついたワック
スの汚れを落としたり、固形
ワックスを切ったりすること
ができる。

デジタル温度計
制作中、ワックスの温度を確認する時に便利。

おろし器
固めたワックスを削る時に役立つ。

はさみ
キャンドルの芯や薄い厚さのワックスを切る時に使用。

ライター
部分的にキャンドルの表面を溶かす時に使う。

ワイヤーブラシ
ステンレス製のワイヤーブラシは、キャンドルの表面に模様を入れる際に便利。

ステンレス製箸
ジェルワックスに顔料を加えて着色する時に使用。

ペンチ
芯を差し込んだ座金を固定する時に使う。

カービングナイフ
薄いワックスを切る時や模様をつける時に便利。

定規
ワックスが付着しても拭き取りやすい、ステンレス製の定規がおすすめ。

計量スプーン
香料や精油の分量を量る道具。

カッター
厚みのあるキャンドルを切る時や、手作りのシリコンモールドを切る時に用いる。

ピンセット
細かい工程の時はつまめるピンセットが便利。

クッキー型
クッキーのデザインにワックスをくりぬきたい時に使用。

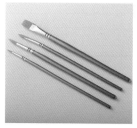

筆
キャンドルを着色する時に必要な道具。

ダブルクリップ
型（モールド）やキャンドルの芯はダブルクリップで固定する。

キャンドルデコペイント
装飾用の液体ろう。キャンドルに色をつけたり文字を書いたりする時に役立つ。

スプーン
泡立てたホイッピングのワックスをすくう時に使う。

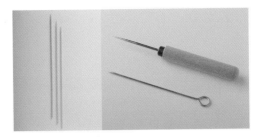

竹串、針または目打ち
キャンドルの芯穴をあけたり、模様をつけたりする時に使用。

割り箸
ワックスに着色する時や泡立てるようにかき混ぜるホイッピングの時に活用。

油粘土
モールドの下から出ている芯を固定する時に活躍。

ステンレスバット
溶かしたワックスを流し込み、シート状に固める時に用いる料理用バット。

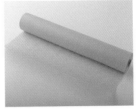

クッキングシート
料理用のクッキングシートは、ワックスがきれいにはがれるので便利。

ラップ
ホイッピングしたワックスを手ごねする時などに用いる。

シリコンモールドがない時の代用

ステンレスバットに一回り大きいサイズのクッキングシートを敷き、底が平らになるように押さえながら、周りをダブルクリップで留めることで代用できる。

シリコンモールド

ステンレスバットで代用

Handmade candle

基本の材料①【ワックス】

キャンドルの本体部分を構成しているのが「ろう＝ワックス」です。ここでは、キャンドル作りに便利な9種類のワックスについてご紹介します。

※ワックスのメーカーや産地によっても、特徴や効果が異なる場合があります。

パラフィンワックス 135°F（融点58℃）

原油を精製して抽出されるキャンドル作りに欠かせない代表的なワックス。固まると収縮するタイプで、比較的透明感の高い仕上がりが特徴。単体でモールドに注ぐと、気泡やヒビが入りやすいので、他の素材と組み合わせることが多い。

マイクロクリスタリンワックス＜ソフトタイプ＞（融点77℃）

パラフィンワックスに混ぜたり、加えたりすることで柔軟性が得られ、気泡やヒビ割れを防ぐ効果もある。常温でも柔らかいため、カラーシート（詳細P18）の制作などでも重宝する。

マイクロクリスタリンワックス＜ハードタイプ＞（融点83〜85℃）

ソフトタイプと同様、パラフィンワックスに添加することで柔らかくなり、気泡やヒビ割れを防ぐ効果もある。融点が高いため、長持ちする作品を作りたい時や、キャンドルの強度を上げたい時に便利。

バイバーワックス 103（融点67℃）

パラフィンワックスに少量を混ぜたり、加えたりすることで、表面にツヤを出したり、香料による芯の目詰まりを防止するため、香料の添加量を通常より増やすことができるワックス。また、気泡やヒビ割れを防ぐ効果もある。

ステアリン酸（融点57℃）

単体でもパラフィンワックスに加えても燃焼する、牛脂が原料のワックス。燃焼時間を延ばしたり、型抜けを良くしたい時に重宝する。また、パウダー状なので、キャンドルに粉雪や砂のような質感を表現できる。

ジェルワックス（融点72〜92℃）

涼しげで透明感があるゼリー状のワックス。ソフトタイプからウルトラハードタイプまで、さまざまな触感が揃っており、冷えても柔らかいのが特徴。着色が濃すぎると、透明度が低くなるので注意する。また、炎が小さくなりやすいため、太めの芯を使用しよう。

ビーズワックス（蜜ろう）（融点63℃）

ミツバチの分泌液が原材料の天然素材で、独特の甘い芳香が特徴。とても柔らかいため、加工がしやすい。火を灯した時に空気清浄の効果がある。ジェルワックスと同様、炎が小さくなりやすいため、芯は太めがおすすめ。

ソイワックス＜ソフトタイプ＞（融点42〜52℃）

大豆油が原材料のワックス。ソフトタイプは収縮しないため、グラスなどの容器に入れて使用する。低温で長く燃焼する一方、炎が小さくなりやすいため、ビーズワックスと同様に芯は太めがおすすめ。

ソイワックス＜ハードタイプ＞（融点57℃）

ソフトタイプと同様に大豆油が原材料。ハードタイプは収縮するため、型（モールド）に注ぎ、自立型の作品を作ることができる。低温で長く燃焼し、炎が小さくなりやすいため、太めの芯がおすすめ。ヒビ割れを防ぐため、パラフィンワックスやビーズワックスを加えることもある。

Handmade candle

基本の材料②【香料と精油】

香りづけの材料には「香料」と「精油」の2種類があります。それぞれの特徴を知って、自分が好きな香りのキャンドルを作ってみましょう。ただし、手ごねで成形するキャンドルに香りをブレンドするのは、まとまりにくくなるのでおすすめしません。

香 料

キャンドル作り専用に作られた合成のフレグランスオイルです。ワックスに馴染みやすく、精油に比べて揮発しにくいのが特徴。ワックスに香料を加える温度は、パラフィンワックスの場合、65～70℃が目安ですが、使用するワックスによっても添加できる温度が異なります。

香料によっては色がついているため、作品のテイストに影響する場合もある。フラワー系（ローズ、ミモザなど）、フルーツ系（グレープフルーツ、ベリーなど）、甘い系（バニラ、はちみつなど）、ハーブ系（ペパーミント、ラベンダーなど）と種類が豊富。

> 添加目安量
> パラフィンワックス　5～8%程度
> ソイワックス、ビーズワックス、ジェルワックス　3～5%程度

精 油

100%天然成分で、人工的に合成した素材は一切含みません。精油の品質によっては、ワックスに混ざりやすいものと、分離してしまうものがあります。使用の際は、少量のワックスに1滴垂らしてみて、混ざるかどうかを確認するのが望ましいです。

> 添加目安量
> パラフィンワックス　3～5%程度
> ソイワックス、ビーズワックス、ジェルワックス　3%程度

精油使用時の注意点

- 精油は揮発しやすいので、低い温度の時に加えます。
- キャンドルを固める際には、グラスやモールドにできる限り蓋をして、香りが揮発するのを防ぎましょう。
- 精油を加えたキャンドルを保管する時は、必ず蓋つきの容器を使用します。

Point!

香料や精油を使用したキャンドルは、火を灯した時のほうが香りを感じやすいです。なぜなら、炎によって生まれる上昇気流によって香り成分が拡散するから。また、香料や精油を多く添加しすぎてしまうと、ワックスの中で香料のかたまりができ、燃焼を阻害する可能性があるため注意が必要です。

基本の材料③【芯と座金】

Handmade candle

キャンドルに使用する芯は、細い綿糸を編み込んだ「組芯」が基本です。
実際にはさまざまな種類がありますが、ここでは代表的な3種類の芯をご紹介します。

芯 の 種 類

平芯

細い綿糸を何層にも編み込んだ芯が平芯です。平芯は幅広い太さの
種類が揃っているので、ハンドメイドではよく使われます。また、
この平芯は一般的に「2×3+2～10×3+2」と表記され、「1束あたり
の本数×編み方＋中心の芯の数」を表します。「●×3+2」の●の部
分の数値が大きくなるほど、芯は太くなっていきます。

丸芯

平芯と同様、細い綿糸を何層にも編み込んだ芯。丸い断面が特徴で、
ろうの吸い上げがよく、炎が高くなりやすいのが特徴です。この丸
芯は、D●●と表記され、数字が大きいほど太く、ワックスの吸収力
が上がり、炎も大きくなります。

木芯

木板を薄くスライスして、2枚に貼り合わせた形状が木芯です。火
を灯すと、暖炉や焚き火のようにパチパチと音を立てます。サイズ
の種類はXS～XL、スパイラルタイプ、クロスタイプなどもありま
す。専用の座金を使います。

平芯と丸芯
写真左から平芯2×3+2、平芯3×
3+2、平芯4×3+2、平芯5×3+2、丸
芯D40、丸芯D48

木芯
写真左からスパイラルタイプ、Lサイ
ズ、XSサイズ、クロスタイプ

座 金

芯の側面に取り付ける金具。固
定して芯の転倒を防ぎ、キャン
ドルを最後まで燃焼させること
ができます。グラスキャンドル
や手ごねキャンドルの制作時に
は必需品。炎は座金に到達する
と自然に消えます。

座金のつけ方

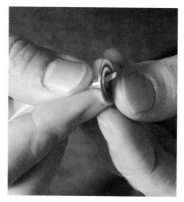

1 ろう引き（詳細P15）した芯を穴
から通し、平らなところから
2mmほど芯を出す。

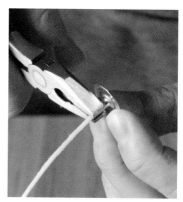

2 座金の突起した部分と芯をペン
チでしっかり挟み潰すように留め
る。芯を引っ張っても取れなけれ
ば、きちんと留まっている証拠。

芯 の 選 び 方

ろうを吸い上げ、最後まで安定した炎を保つために、芯選びはとても重要です。使用する芯は、キャンドルの太さやワックスの種類、香料、着色料を加えた時の量によって、トータルで判断しましょう。ここでは芯を選ぶ時のポイントをご紹介します。

1　キャンドルの直径から、ワックスが溶ける大きさとのバランスをイメージして選ぶ。

2　ワックスによってろうの吸い上げ率が変化するため、使用するワックスの種類や炎の大きさの好みに合わせて芯の太さを選ぶ。

3　デザインを施したり、香料や顔料を加えたりすると燃え方に違いが出るため、全体の分量に応じた芯の太さを選ぶ。

芯の太さによって灯した時の炎の大きさや、ろうの上部に広がるプール(ろうだまり)の量が変わる。

座金がついた芯
写真は左から平芯2×3+2、平芯3×3+2、平芯4×3+2、平芯5×3+2、丸芯D40、丸芯D48

平芯6×3+2　平芯4×3+2　平芯2×3+2
平芯5×3+2　平芯3×3+2

芯を使う前にやっておくこと

ろ う 引 き

すべての芯は必ず熱で溶かしたろうを染み込ませる「ろう引き」をします。
これは、火をつけた時に、ワックスの吸い上げを良くするために必要な工程です。
※本書の作り方の工程で掲載している芯は、すべて「ろう引き」を行ったものを使用しています。

ろう引きのやり方

1　80〜100℃に溶けたパラフィンワックスに、芯の全体を数秒浸す。

2　割り箸で芯を引き上げた後、ペーパーで余分なワックスを素早く拭き取る。

3　芯をピンとまっすぐに張った状態で冷ます。

Handmade candle

基本の材料④【顔料と染料】

ワックスを着色する時に使われる材料は、主に顔料と染料です。本書では、顔料をメインに
使用していますが、ここではそれぞれの特徴について解説します。

顔 料

顔料でもメーカーによって、原材料や色のバリエーショ
ン、パッケージの形状が異なる。

水や油に溶けない着色料。特に形をキープしたい時や、
ディスプレイ用のキャンドルを作りたい時におすすめ
です。使用時は手や道具が汚れにくいため、染料より
も使いやすいでしょう。顔料を使用する時は、ワック
スの温度を80℃以上にしてください。

〔主な特徴〕
・色の種類が豊富
・紫外線に強く、色褪せしにくい
・油性のため、目詰まりを起こしやすい

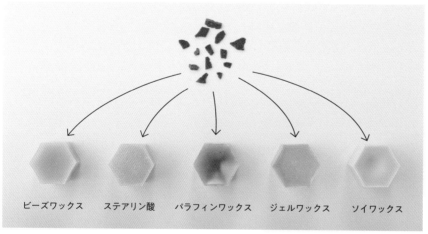

ビーズワックス　　ステアリン酸　　パラフィンワックス　　ジェルワックス　　ソイワックス

同じ顔料でも、使うワック
スの色や素材によって発色
に違いが出ます。

染 料

水や油に溶けやすい性質を持つ着色料。染料は、ワックスの温度
を70℃以上にして使用します。

〔主な特徴〕
・色同士が混ざりやすい
・粒子が細かく発色が良いため、濃い色の着色も可能
・紫外線に弱く、色落ちや色褪せしやすい

顔 料 の 色 見 本

ここでは、普段よく使われる顔料の色見本を一部ご紹介します。

1	8	15	22	29	36	43	50	57	64
2	9	16	23	30	37	44	51	58	65
3	10	17	24	31	38	45	52	59	66
4	11	18	25	32	39	46	53	60	67
5	12	19	26	33	40	47	54	61	68
6	13	20	27	34	41	48	55	62	69
7	14	21	28	35	42	49	56	63	70

1★　パールホワイト
2★　テラコッタ
3　　バニラ
4★　コーラルローズ
5★　パンプキンイエロー
6★　サフランイエロー
7　　ターメリック
8★　ミルキーホワイト
9　　アイボリー
10　蛍光イエロー
11★レモンクリーム
12　イエロー
13　ゴールドイエロー
14　シーグリーン
15★ピスタチオ
16　ライトグリーン
17★シャイニーグリーン
18　蛍光グリーン

19★ロイヤルグリーン
20　グリーン
21　オリーブ
22　ライトブルー
23　ブルー
24★コバルトブルー
25　ターコイズ
26　ネイビーグリーン
27　エバーグリーン
28★ダークグリーン
29　ディープブルー
30★ロイヤルスカイ
31★チグサブルー
32★インディゴブルー
33★ダークブルー
34　ライトパープル
35　パープル
36★ダークチェリー

37★ラズベリー
38　レッド
39　ピンク
40　ワインレッド
41★ブラックベリー
42　ライラック
43★シクラメンピンク
44　チェリーローズ
45　ローズ
46　蛍光レッド
47　マゼンタ
48　蛍光ピンク
49★バイオレット
50　オレンジ
51　スカーレット
52★クリムゾンレッド
53★チェリートマト
54　肌色

55★ライトピーチ
56　ライトローズ
57★バレンシアオレンジ
58　蛍光オレンジ
59★ライトブラウン
60　マロン
61　キャラメル
62★フレンチベージュ
63★サンドベージュ
64　ホワイト
65　ブラック
66　ダークブラウン
67　チャコール
68★パールグレー
69　ベージュ
70　グレー

★顔料と染料がブレンドされているもの

Handmade candle

基本の技法

キャンドル作りには、さまざまな技法があります。詳しくは制作プロセスでご紹介しますが、ここでは基本的な主な技法と色のつけ方を解説します。

基本技法

モールディング
溶かしたワックスをモールドなどの型に注いで、キャンドルを制作する技法です。

ホイッピング
温度が下がり、ワックスが鍋の中で固まり始めたら、空気を入れながら混ぜてホイップ状にする技法です。

ディッピング
液体のワックスに、ベースのキャンドルを浸し、着色や仕上げのコーティングをする技法です。

シーティング
高温に温めたワックスをシート状に固めたり、丸めたりする技法です。

カラーシート

溶かしたマイクロクリスタリンワックス　ソフトタイプに着色して、シート状に成型したもの。粘土のように手で簡単にちぎれるほど柔らかい質感が特徴です。ベースのキャンドルに目や耳、手などのパーツをデコレーションしたい時など、主に仕上げの工程で使います。

いろいろな色を作っておくと便利。

色をつける

キャンドルに色をつける方法はいくつかありますが、ここでは基本的な2種類をご紹介。

筆で塗る

1 溶けたワックスの中に顔料または染料を少量ずつ加え、割り箸を使って混ぜる。

2 粒子が残らないように溶かしきることがポイント。濃い色に着色すると、芯が目詰まりを起こす原因となるため、入れすぎに注意する。

3 好みの色が出来上がったら筆先を浸し、制作したキャンドルに色を塗っていく。

ディッピングする

1 溶けたワックスに着色料を加え、制作したキャンドル全体を浸す。

2 浸す時間は一瞬でOK。この作業を何度か繰り返すと色が徐々に濃くなっていく。

完成!

ディッピングの回数によって、色の濃さを調整できる。

キャンドル作りの基本①
【手ごね】

Handmade candle

リンゴのキャンドルの作り方

小さいサイズやデザインの細かいキャンドルを作る時は、手でこねることができる程度の柔らかさに仕上がるようにワックスをブレンド。また、少し大きめのサイズやシンプルなデザインには、ラップで成形できる程度の適度な柔らかさに配合しましょう。その際は、ヒビ割れが起きないように素早く成形することがポイントです。

 材料　**小さいリンゴ：直接手でこねる場合**
3個分

- ●ブレンドワックス　60g
　（パラフィンワックス50％、マイクロクリスタリンワックス　ソフトタイプ50％）
- ●平芯2×3+2（約5cm）　3本
- ●座金　3個

 道具

- ●ホーロー鍋
- ●IHヒーター
- ●スケール
- ●割り箸
- ●竹串
- ●ペーパー

 材料　**中サイズのリンゴ：ラップを使う場合**
1個分

- ●ブレンドワックス　60g
　（パラフィンワックス95％、マイクロクリスタリンワックス　ソフトタイプ5％）
- ●平芯3×3+2（約5cm）　1本
- ●座金　1個

 道具

- ●ホーロー鍋
- ●IHヒーター
- ●スケール
- ●割り箸
- ●竹串
- ●スプーン
- ●ペーパー
- ●ラップ（20cm×20cm）

1 ホーロー鍋にワックスを入れて IHヒーターで溶かし、表面に膜 が張り始めたら割り箸で泡立て るようにホイッピングする。

2 鍋の中でワックスがねっとりと 固まってきたら、割り箸で手のひ らにのせる。

3 手でギュッと握るようにして ワックスをまとめる。

4 丸い形に成形する。

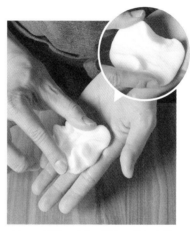

5 一度手のひらで平らに潰した後、 縁から中央に向かってヒダを作 るようにシワを寄せて全体を立 体的にまとめる。

6 ヒダの部分を下にして、表面の 滑らかな部分を上に向ける。

7 指を使って、リンゴのへたの部分 をイメージしながらくぼみをつ ける。

8 この段階では温度が高く形が潰 れやすいため、表面を数秒ほど 水に漬けて固める。

9 水から取り出し、ペーパーなどで 水分をしっかり拭き取る。

10 竹串でリンゴのくぼみがある上部から中心に向かって穴をあける。

11 座金つきの芯を下から通し、座金の突起している部分をキャンドルに差し込んだら完成。

中サイズのリンゴを作る

1 ラップの上にホイッピングしたワックスをスプーンでのせる。

Point!

この時にヒビ割れが起こりやすいため、中央に寄せ集めるように優しく成形するのがポイント!

2 ラップのすき間からワックスが飛び出さないように絞り、真ん中に寄せ集めるようにしてゆっくりと握りしめる。

3 ラップを外す。

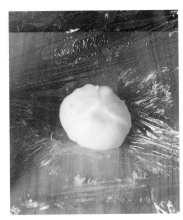

4 ラップを絞った部分が下になるように上下を返す。表面の滑らかなほうを上にしたら、丸い形状にまとめ上部にくぼみをつける。

5 この段階では温度が高く形が潰れやすいため、表面を数秒ほど水に漬けて固める。

6 水から取り出し、ペーパーなどで水分をしっかり拭き取る。小さいリンゴと同様に竹串を刺し、下側の穴から座金つきの芯を通す。

完成!

キャンドル作りの基本②
【容器】
グラスキャンドルの作り方

グラスキャンドルには、収縮しないソイワックスのソフトタイプやジェルワックスを使うことが一般的。容器には、耐熱グラスや強化グラスがおすすめです。直径サイズの小さいグラスで作ると内部に熱がこもって割れやすいため、直径5cm以上のグラス容器を選びましょう。

材料

- グラス　直径6.5cm×高さ6.8cm
- ソイワックス　ソフトタイプ　175g
- 平芯4×3+2（約10cm）　1本
- 座金　1個
- 座金固定用　マイクロクリスタリンワックス　ソフトタイプ　少量

道具

- ホーロー鍋●IHヒーター●スケール
- 温度計●割り箸●ダブルクリップ
- はさみ

1 ホーロー鍋に入れたワックスをIHヒーターで温めて溶かす。ワックスを注ぐグラス容器を用意する。

2 グラスの高さよりも2～3cm芯が長くなるように調整する。

3 長さを決めたら芯をはさみで切る。

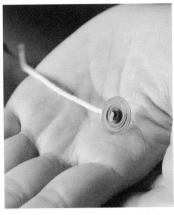

4 ろう引きした芯の先に座金をつける。

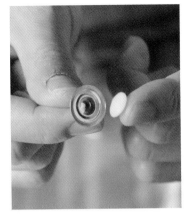

5 座金に小さく丸めた座金固定用のワックスを付着させる。

6 つけたワックスを指で平らになるように馴染ませる。

7 6をグラスの中心部に固定する。

8 芯を中央に置き、割っていない割り箸で挟んでグラスの上にのせ、芯が動かないようにする。

9 割り箸の上に出た芯をダブルクリップで留める。

10 ワックスの温度が約55℃になったら、グラスに注ぎ入れる。

11 この時は素早く注ぐのがコツ。ゆっくり注ぐと本体に横線が入るため気をつける。

12 ソイワックスはヒビ割れが起きやすいため、常温で冷やし固める。表面が白くしっかりと固まれば完成。

Handmade candle

キャンドル作りの基本③
【ピラーキャンドル（ポリ製）】

ポリカーボネート製モールドのキャンドルの作り方

ピラーキャンドルとは円柱形をしたキャンドルのこと。ここでは「ポリカーボネート製モールド」と呼ばれる型を使います。なだらかな色の変化を楽しめるグラデーションキャンドルや、花や葉が透けて見えるボタニカルキャンドルを作る時にもおすすめです。容器が透明なので、デザインを確認しながら制作できます。卵形や球形などモールドの種類が豊富に揃う一方、香りを入れたキャンドル作りには素材の特性上向いていません。

材料

● ポリカーボネート製モールド
　（円柱シリンダー型、直径5.2cm×高さ9.7cm）
● ブレンドワックス　200g
　（パラフィンワックス95%、マイクロクリスタリンワックス　ソフトタイプ5%）
● 平芯3×3+2（約17cm）　1本
● 油粘土　少量

道具

● ホーロー鍋● IHヒーター● スケール● 温度計
● 割り箸● ダブルクリップ● シリコンスプレー
● シリコンモールド● ペーパー● はさみ

1 モールドの高さよりも7～8cm芯が長くなるように調整する。長さを決めたら芯をはさみで切る。

2 芯にろう引きをする（詳細P15）。

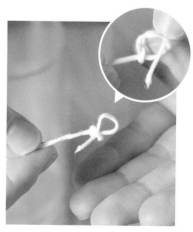

3 芯の先は片結びをする。

4 モールドの内側にシリコンスプレーを吹きかける。

5 モールドの底の穴から、ろう引きした芯を差し込む。

6 底から出ている芯を隠すように油粘土を盛って固定し、ワックスの漏れを防ぐ。

7 上部に出た芯を中央に置き、割り箸で挟んでモールドの上にのせ、ダブルクリップで留める。

8 ホーロー鍋にワックスを入れて、IHヒーターで約85℃に熱して溶かし、モールドに注ぎ入れる。

9 ワックスは熱で膨張するため、モールドに入りきらないワックスが少量残る。

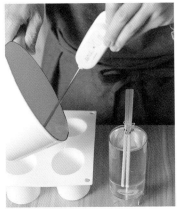

10 9で余ったワックスはシリコンモールドに注ぎ、固体状にして保管する。

Point!
固めたワックスのくぼみ部分に残ったワックスを注ぎ足すことを「リモールド」と呼ぶ。

11 完全に固まると表面に自然とくぼみができる。このくぼみの部分へ、約75℃に熱して溶かしたワックスを注ぎ足す。

12 リモールドが終わったら、常温で固めて、モールドから取り外して完成。

Handmade candle

キャンドル作りの基本④
【ピラーキャンドル（シリコン製）】
シリコンモールドのキャンドルの作り方

シリコン素材のモールドを使うピラーキャンドルの作り方をご紹介。シリコンモールドは、耐熱温度が高い点が特徴です。また、柔軟性があるので流し込んだワックスを簡単に取り外すことができます。特にお菓子作り専用の型が手に入りやすいので、豊富な種類から好きなデザインを選べます。キャンドル専用のモールドではない場合は、底に竹串で穴をあけて芯を通したり、モールドをカットして芯を挟んだりして使います。

材料

- シリコンモールド
  （ツリー型、横幅8cm×高さ8cm）
- ソイワックスハードタイプ　60g
- 平芯4×3+2（約13cm）　1本

道具

- ホーロー鍋●IHヒーター●スケール
- 温度計●割り箸●ペーパー●輪ゴム
- ダブルクリップ●はさみ

1 今回はツリー型のシリコンモールドを使用。

2 シリコンモールドの高さよりも約5cm芯が長くなるように調整し、長さが決まったらはさみで切る。

3 芯にろう引きをする（詳細P15）。

4 割り箸で芯を引き上げた後、ペーパーで拭き取る。

5 本書では、シリコンモールドを縦半分にカットして使う。空洞の中央に芯を差し込み、上下約2.5cmずつの芯先が出るようにする。

6 輪ゴムで留め、シリコンモールドのすき間からワックスが漏れ出ないようにする。

7 シリコンモールドがずれないように、3ヶ所ほど輪ゴムでしっかりと固定。輪ゴムは太めのタイプがおすすめ。

8 芯とシリコンモールドが固定されたら、芯が下部から出ていることを確認。

9 ツリーの頭頂部を下に向け、上部の芯を割り箸で挟み、シリコンモールドの上にのせる。

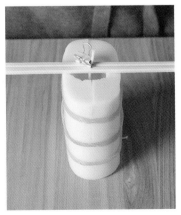

10 芯を中央に置いて、ダブルクリップでしっかりと固定。

11 IHヒーターで約90℃に熱したワックスをシリコンモールドに注ぎ入れる。

12 常温で固め、表面が白くなったら輪ゴムを外し、ゆっくりとキャンドルを取り外す。底の面から出ている芯を短く切ったら完成。

Chapter 2

森の植物キャンドル

森の世界が広がる白樺やきのこ、切り株、針葉樹の
モチーフを作ります。きのこは単体でもかわいらし
く見えるように、あえて実物に近い大きさに。色彩
はいくつかの色を組み合わせ、自然な雰囲気を表現
しています。

切り株キャンドル

Forest plant candle

材料

● 土台用
　パラフィンワックス　230g
● 年輪用
　ブレンドワックス　10g
　（パラフィンワックス50%、マイク
　ロクリスタリンワックス　ソフト
　タイプ50%）
　顔料（ホワイト、バニラ、ライトブ
　ラウン）
● 側面用
　ブレンドワックス　60g
　（パラフィンワックス50%、マイク
　ロクリスタリンワックス　ソフト
　タイプ50%）
　顔料（ホワイト、バニラ、ライトブ
　ラウン）

● 全体着色用
　ブレンドワックス　10g
　（パラフィンワックス50%、マイク
　ロクリスタリンワックス　ソフト
　タイプ50%）
　顔料（バニラ、ライトブラウン、ダー
　クブラウン）
● 苔用
　パラフィンワックス　5g
　顔料（ライトグリーン、オリーブ、
　シーグリーン）
● 紙製スープカップ　直径9.5cm ×
　高さ6cm
● 平芯4 × 3+2（約10cm）　1本
● 座金　1個

道具

● ホーロー鍋
● IHヒーター
● スケール
● 温度計
● 割り箸
● 竹串
● 筆
● ヒートガン
● クッキングシート（30cm × 30cm）
● はさみ

1 紙製スープカップに、パラフィンワックスを粒状のままで130g入れる。

2 残り100gのパラフィンワックスを約90℃に溶かし、スープカップに注ぐ。

3 常温で冷ます。側面は冷めていて、中央は触れると少し温かい状態にする。

4 はさみでカップに切り込みを入れたら、あとは手で斜め方向に破り、固まったワックスを取り出す。

5 竹串を土台の中央に刺し、芯を通すための穴をあける。

6 芯に座金をつけて下の穴から通す。

7 鍋に年輪用のワックスを溶かし、顔料を加えて着色する。この時、小枝用のワックスをシリコンモールドに少量取り分け、固めておく。

8 80～90℃に温めたワックスに筆先を浸し、土台の上部を厚塗りする。

9 上部の中央部分は、濃くなるようにライトブラウンで着色する。

10 竹串で切り株のヒビ割れを描く。

11 年輪も同様に竹串を使い、同心円状に輪を描いて再現。

12 7で小枝用に取り分けておいたワックスをシリコンモールドから取り外し、切り落とした小枝の形に整えて土台に付着させる。

13 小枝の先は筆で濃くなるようにライトブラウンで着色する。

14 側面用のワックスを溶かしてホイッピングする。

15 クッキングシートを敷いた上に切り株を置き、14のワックスを側面に付着させ、動きをつける。

16 動きをつけたワックスを伸ばすように馴染ませる。

17 幹の膨らみや太い根っこのような凹凸を意識しながら形を整える。

18 筆で側面に着色。全体着色用のワックスを溶かし、顔料を加えて濃い茶色やうすい茶色で塗る。

19 竹串を3本まとめてテープで留めた後、切り株の側面に縦筋ができるように傷をつける。

20 年輪の縁をヒートガンで温めて、柔らかくする。

21 竹串で年輪の縁に細かい傷をつける。

22 苔用のワックスを溶かし、顔料を加えて着色。クッキングシートの上に、筆でワックスを落とし、粉が出るくらい押しつける。

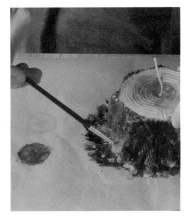

23 濃い緑色と薄い緑色のワックスを作り、クッキングシートにそれぞれ落とす。切り株を筆でタップするように塗り、濃淡をつける。

24 余分な根っこを手で取り外し、切り株の形を整えたら完成。

完成!

根や枝、苔まで生えた、森の中に佇む自然な切り株を再現。

Forest plant candle

白樺キャンドル

●材料

●幹用・1枝分
パラフィンワックス　180g
●小枝用
ブレンドワックス　10g
（パラフィンワックス50％、マイクロクリスタリンワックス　ソフトタイプ50％）
●着色用①
パラフィンワックス　10g
顔料（ホワイト、ベージュ、バニラ）
●着色用②
パラフィンワックス　5g
顔料（ブラック、ダークブラウン、グレー、ベージュ、バニラ）

●着色用③
ステアリン酸　少量
顔料（ブラック、ダークブラウン、ライトブラウン）
●シリコン製モールド（円柱形、横幅5cm×高さ6cm）
●平芯3×3+2（約13cm）　1本
●座金　1個

●道具

●ホーロー鍋
●IHヒーター
●スケール
●温度計
●割り箸
●竹串
●筆
●ヒートガン
●ペーパー
●おろし器
●クッキングシート
●ワイヤーブラシ
●カービングナイフ
●はさみ

1 本書でご紹介するシリコンモールドは型の数が多いが、本工程では2つの型を使用。粒状のパラフィンワックスを45gずつ入れる。

2 残り90gのパラフィンワックスを約90℃に溶かし、*1*の上からそれぞれ均等に注ぐ。

3 温かいうちにワックスを取り外す。

4 ワックス同士を、円柱になるようにくっつける。

5 ワックスの表面を指で押しながら凹凸をつける。

6 中央に竹串で穴をあけた後、底面から座金つきの芯を通す。

Point! 横置きもかわいい！

お好みで白樺を横置きにする場合は、側面に間隔をとって2ヶ所穴をあけ、芯を2本通す。

7 小枝用のワックスをゆるめにホイッピングし、割り箸で表面に付着させる。

8 表面につけたワックスを指でなじませる。この時、樹皮のようなガサガサした触感を意識して無造作に凸凹を作る。

9 小枝用のワックスを割り箸で適量とり、手のひらにのせる。

10 ワックスを両手のひらで押し潰し、細長い形を作る。

11 先を尖らせて、小枝の形に整える。

12 土台の幹に小枝を付着させる。

13 小枝をもう一つ作る。今度は、12の小枝とは反対側の低い位置に付着させる。

14 着色用①のワックスを溶かし、顔料を加えてクリーム色を作る。

15 筆先をワックスに浸し、幹全体に筆を横方向に動かしながら色を塗る。

16 ホーロー鍋に着色用②のワックスを溶かし、顔料を加える。鍋底をパレットのように使い、色のバリエーションを作っておく。

17 幹にまだらな色ムラができるように、筆で塗っていく。高さのある部分を暗めに着色すると、よりリアルに見える。

18 幹の切断面は、ベージュで着色する。

19 切断面の縁は、ライトブラウンで着色する。

20 ワイヤーブラシで、幹に横筋ができるように模様をつける。

21 幹のあちこちに細かい傷ができるように、カービングナイフで小さな切り込みを入れる。

ブラック　ダークブラウン　ライトブラウン

22 顔料を加えて固めた、着色用③のステアリン酸をそれぞれおろし器で削る。

23 ステアリン酸の粉末を指にとる。

24 幹の表面のあちこちに、3種類のステアリン酸を擦り込んでいく。自然な白樺模様に仕上がったら完成。

森の中に転がっているような白樺の出来上がり。樹皮のめくれや小枝を再現することで、よりリアリティのある仕上がりに。

完成！

Forest plant candle

きのこキャンドル

1 顔料で色をつけたベース用ワックスを約100℃に溶かし、シリコンモールドに注ぐ。ワックスが固まったらモールドから外す。

2 2種類のクッキー型を使って、ワックスを円形にくりぬく。

3 くりぬいたワックスは、温かいうちに指で中央を凹ませるようにして「かさ」の形を作る。

4 余ったシートをヒートガンで温める。この時、シートの形を簡単に変形できるほど柔らかくなるまで温めることがポイント。

5 温めたシートで軸を作る。大サイズは約9cm、小サイズは約5cmの長さに。軸の先にかけてふっくらと丸みを帯びるように整える。

6 5で余ったワックスは、はさみで縦2cm×横4cmにカットする。

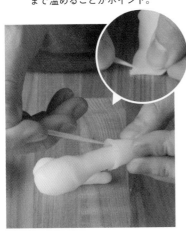

7 竹串を使って、縁にひだができるように細かい切り込みを入れ、大サイズの軸の細いほうに固定する。小サイズの軸にはつけない。

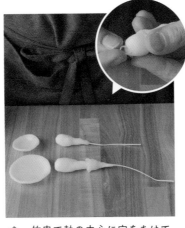

8 竹串で軸の中心に穴をあけて、軸の先に芯を通し、余った芯先は折り返して5mm横に差し込み、座金を使わずに固定する。

9 かさ裏に詰める用のワックスを溶かし、ホイッピングしたら、かさの内側の部分に割り箸で詰める。

10 ワックスは縁のギリギリのところまで「しいたけの肉詰め」のように詰める。

11 10で詰めたワックスは、温かいうちに手のひらを使って平らにならしていく。

12 かさの中央部分に竹串で穴をあけ、軸と芯を差し込む。

13 きのこの形が出来上がったら、ディッピング用のワックスを100℃に熱し、芯を持って全体を1回ディッピングする。

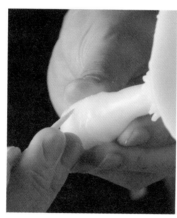

14 きのこが温かいうちに、軸の太い部分に竹串で波模様を入れる。

15 80〜90℃に溶かした軸着色用ワックスに顔料を加え、筆先を浸して軸の部分に色を塗っていく。

16 カービングナイフの背中（刃ではないほう）を使って、かさの裏側に細かい縦筋を中心から放射線状に入れる。

17 かさ着色用のパラフィンワックスを溶かし、イエローの顔料を加える。筆先を浸し、かさの外側から中央に向かって塗っていく。

18 17にオレンジの顔料を加え、かさの中央から外側に向かって色を重ねる。

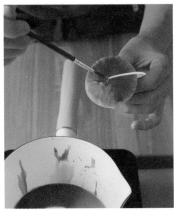

19 18にレッドとワインレッドの顔料を加え、グラデーションカラーが仕上がるように何段階も塗り重ねる。

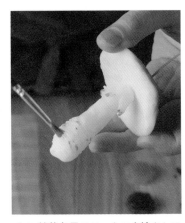

20 軸着色用のワックスを溶かして顔料を加え、筆で軸の下半分やひだの縁部分を汚すように塗っていく。

21 ディッピング用のワックスを約100℃に溶かし、かさの表面だけディッピングする。裏側はワックスに浸さない。

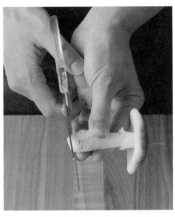

22 はさみを使って軸の先を約3mm切り、平らにする。

23 切った断面をより平らにするため、熱したフライパンの面に軸を押し当てる。

24 フライパンから外し、テーブル上に断面をこすりつけるように置き、自立できるように調整する。

25 ホワイトのキャンドル用デコペンを小皿にとり、竹串で色を拾ってかさに模様をつける。しっかり乾いたら完成。

完成!

かさの模様や裏側のひだまで再現した、リアルなきのこに。
大小さまざまな大きさを作るとかわいい。

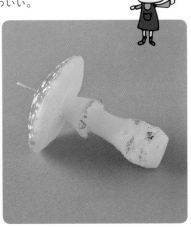

Forest plant candle

針葉樹キャンドル

材料

● ベース用
　ブレンドワックス　160g
　（パラフィンワックス 95%、マイク
　ロクリスタリンワックス　ソフト
　タイプ 5%）
　顔料（ライトグリーン、オリーブ）

● 葉っぱ用
　ブレンドワックス　40g
　※シート1枚は20g
　（パラフィンワックス 50%、マイク
　ロクリスタリンワックス　ソフト
　タイプ 50%）
　顔料（オリーブ、ライトグリーン、
　シーグリーン、ダークブラウン）

● 接着用
　パラフィンワックス　10g
● ポリカーボネート製モールド
　（円錐形、直径6.5cm×高さ14cm）
● 平芯3×3+2（約22cm）　1本
● 油粘土　少量

道具

● ホーロー鍋
● IHヒーター
● スケール
● 温度計
● 割り箸
● 竹串
● 筆
● ヒートガン
● はさみ

ベースを作る

1 座金をつけた芯をモールドの中央に置き、油粘土で固定。そこに、顔料で色をつけたベース用のワックスを約85℃に温めて注ぐ。

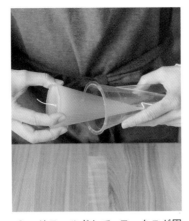

2 リモールドして、ワックスが固まったら、油粘土を取り、モールドから外す。

3 ベース用のワックスが完成。

マーブルシートを作る

1 シリコンモールドと顔料を準備する。

2 葉っぱ用のワックスを約140℃に溶かし、シリコンモールドに注ぐ。

3 注ぎ終えたら、4色の顔料を色ムラができるように落としていく。

4 割り箸を使って、顔料を叩くように素早く潰す。

5 箸で渦巻きを描くように、色を少しずつ広げていく。

6 着色されていないエリアが残らないように、箸をクルクルと回しながら、全体に色をのばしていく。

マーブルシート
完成！

7 濃い緑色のマーブルシートが完成したら、今度は同様に薄い緑色バージョンも作成。2種類作ることで、色の変化が表現できる。

8 ワックスが固まったら、それぞれをモールドから取り外す。

仕上げ

1 出来上がったシートをはさみで切る。

2 6等分にする。

3 切ったシートを、ヒートガンで温めて柔らかくする。

4 2本の竹串を準備し、テープでまとめて固定する。

5 3のシートの約4分の3まで、竹串で細かい切り込みを入れていく。お弁当に入っている「バラン」をイメージして作成。

6 ベースのカーブに合わせてシートを巻きつけていく。このシートが針葉樹の「葉」の部分になる。

7 接着用のワックスを80〜90℃に溶かして筆先を浸す。シートの縁に塗って葉を固定する。

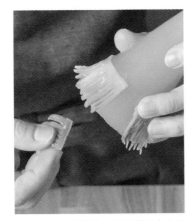

8 シートを巻きつけた際に小さなすき間ができた場合は、すき間のサイズに合わせて切り込みを入れたシートを追加で作成。

9 すき間を埋めたら、接着用のワックスで固定する。

10 2段目は1段目より少し上に、接着部分を隠すように巻きつける。

11 接着用のワックスを塗って固定する。

12 3段目以降も同じように重ね、接着用のワックスで固定する。針葉樹のてっぺんまで葉を巻きつけたら完成。

 グリーンは使わずに葉を表現

植物や木々の葉を表現する時は、あえて濃淡の異なる緑系のカラーを複数使います。「グリーン」の顔料を単体で使うと、人工的な色ができてしまい、リアリティが乏しくなります。

 完成！

棘のような葉の形まで忠実に表現した、深い森に生えている針葉樹が出来上がり。

Chapter 3

森の動物キャンドル

クマ、ウサギ、フクロウ、ハリネズミ……。森で暮らす動物たちを、愛らしい手のひらサイズで再現します。動物の作品作りができると、どんな動物のモチーフもアレンジ次第で自由に表現できるようになるでしょう。顔の表情や口元はお好みでどうぞ。

Forest animal candle

クマキャンドル

材料

- 胴体用・1頭分
  ブレンドワックス　中サイズ70g
  ※小サイズは30gで作成
  （パラフィンワックス95%、マイク
  ロクリスタリンワックス　ソフト
  タイプ5%）
- 胴体着色用
  パラフィンワックス　10g
  顔料（ホワイト、ライトブラウン、
  ダークブラウン）
- 鼻まわり・足裏着色用
  パラフィンワックス　5g
  顔料（ホワイト、バニラ）
- ディッピング用
  パラフィンワックス　500g

- 耳・手足用
  ブレンドワックス　10g
  （パラフィンワックス50%、マイクロ
  クリスタリンワックス　ソフトタイ
  プ50%）
- 目・鼻・口・耳・リンゴ用
  カラーシート（ブラック、ホワイト、
  ライトブラウン、キャラメル、レッ
  ド、オリーブ、ダークブラウン）
- 平芯3×3+2（約8cm）　1本
- 座金　1個

※カラーシートの詳細P18

道具

- ホーロー鍋
- IHヒーター
- スケール
- 温度計
- 割り箸
- 竹串
- 筆
- シリコンモールド
- ラップ
- はさみ

48

中サイズのクマを作る

1 鍋の中でホイッピングした胴体用のワックス70gをラップの上に出す。

2 ラップを絞って、油脂分の液体がすき間から漏れ出ないように丸める。

3 ラップを外す。

4 手で卵のような形状に丸める。

Point!
手がワックスにつかないように気をつけ、向きを変えながら全体を一瞬だけワックスに浸すことが大切！

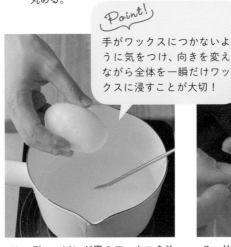

5 ディッピング用のワックスを約80〜90℃に溶かし、4をディッピングする。

6 竹串で卵形の半分より少し上を区切り、くびれを作る。潰れた雪だるまのような形が理想。

7 人差し指で目をつける部分をくぼませる。

8 シリコンモールドで固めておいた耳・手足用のブレンドワックスを取り出し、はさみでカットする。

9 カットしたワックスを細長い形に整えて、両サイドに付着させる。これで両腕が完成。同様に足もつける。

10 8のワックスを小さく丸め、お尻に付着させて、しっぽが完成。

11 8のワックスを三角形に2つ丸めて、耳をつける。

12 竹串で頭部から穴をあけた後、座金をつけた芯を下から通す。

Point! ディッピングのポイント「お散歩」

本体が冷めたら、ディッピング用のワックスを約100℃に熱し、1回ディッピングを行う。

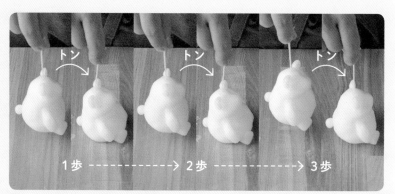

トン　トン　トン

1歩 ----→ 2歩 ----→ 3歩

ディッピングをするとワックスが下に垂れてくるため、芯を持って横にスライドさせながら「トン、トン、トン」と3歩の「お散歩」を行い、下にたまった雫を取り除く。

13 胴体着色用のワックスを溶かし、顔料を加える。

14 ワックスを80〜90℃に溶かして筆先を浸し、全体を茶色に塗っていく。この時、顔の中央部分と足裏の部分は避ける。

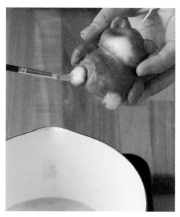

15 溶かした鼻まわり・足裏着色用のワックスに顔料を加え、筆で鼻まわりと足裏を塗る。

16 目・鼻・口・耳・リンゴ用のカラーシートを用意する。

17 カラーシートをこねて、肉球や耳の内側、鼻の形を作り、それぞれのパーツをクマの体につける。

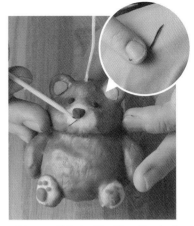

18 口の部分は、手の甲でダークブラウンのカラーシートを細く紐状にこねてからつける。

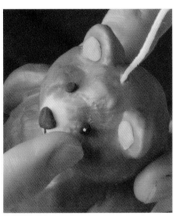

19 目の上に、アイキャッチとして1mmほどの白い点をつける。この時、両目とも同じ位置に置くとかわいらしさがアップする。

20 手もとに赤いカラーシートで作ったリンゴを置き、へたと葉っぱも作ってリンゴにのせる。

Point!

濃い目のカラーシートを使用した場合、100℃でディッピングすると溶かしてしまうので、93℃がベスト！

21 ディッピング用のワックスを93℃に熱し、クマの体を一瞬だけ浸し、すぐ引き上げる（1回のみ）。

22 ディッピング後はテーブルの上で再び「お散歩」させ、垂れてくるワックスを取り除いたら完成。

完成！

リンゴを持ったかわいらしいクマの出来上がり。

Forest animal candle

ウサギキャンドル

材料

- ●胴体用・1匹分
  ブレンドワックス　50g
  （パラフィンワックス95％、マイクロクリスタリンワックス　ソフトタイプ5％）
- ●耳・手足用
  ブレンドワックス　10g
  （パラフィンワックス50％、マイクロクリスタリンワックス　ソフトタイプ50％）
- ●着色用
  パラフィンワックス　10g
  顔料（ベージュ、バニラ、ライトブラウン、ホワイト、ピンク）

- ●ディッピング用
  パラフィンワックス　500g
- ●ニンジン・顔用
  カラーシート（ブラック、ホワイト、オレンジ、オリーブ）
- ●平芯3×3+2（約8cm）　1本
- ●座金　1個

※カラーシートの詳細P18

道具

- ●ホーロー鍋
- ●IHヒーター
- ●スケール
- ●温度計
- ●割り箸
- ●竹串
- ●筆
- ●ヒートガン
- ●カービングナイフ
- ●ラップ
- ●はさみ

1 鍋の中でホイッピングした胴体用のワックス50gをラップの上に出す。

2 ラップを絞って、油脂分の液体がすき間から漏れ出ないように丸める。

3 ラップを外したら、ラップの絞り口側を下にして、楕円形に整える。

4 ディッピング用のワックスを80〜90℃に溶かし、全体をディッピングする。

5 竹串で顔と体を分けるくびれを作る。顔の大きさはクマの時よりも小さくするのがポイント。

6 雪だるまのような形を作る。

7 一度溶かしてシリコンモールドで固めた、耳・足用のブレンドワックスを型から取り外し、はさみでカットする。

8 カットしたワックスをヒートガンで温めて柔らかくし、耳を2つ形作って頭にのせる。

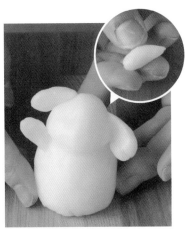

9 手の形に整え、先を尖らせて胴体の左右に2つ付着させる。

10 足は胴体の底面に触れるように
2つ貼りつける。

11 尻尾は、ワックスを小さく丸めて
お尻に付着させる。

12 竹串で頭部から穴をあけた後、
座金をつけた芯を底面から通す。

13 本体が冷めたら、ディッピング用
のワックスを100℃に熱し、芯を
持って全体を1回ディッピングす
る。

14 ディッピング後は、本体をテー
ブルの上で「お散歩」させて、垂
れてくるワックスを取り除く。

15 着色用のワックスを溶かし、顔料
を準備する。

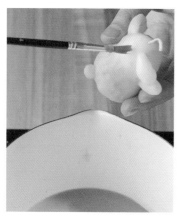

16 溶かしたワックスにライトブラ
ウン、バニラ、ホワイトの顔料を
加え、筆先を浸して胴体の全体
を塗る。

17 16にベージュの顔料を加え、筆
で耳の先端部分のみ色を塗る。

18 17にピンクの顔料を加え、筆で
耳の内側に色を塗る。

19 ニンジン・顔用のカラーシートを
用意する。

20 ブラックのカラーシートを2つ小
さく丸めて目を作り、ウサギの顔
にのせる。

21 ブラックのカラーシートで糸状
の形を3本作り、鼻と口の部分に
竹串で入れ込む。

22 目の中のアイキャッチは、ホワイ
トのカラーシートを小さく丸め
てつける。

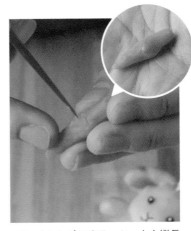

23 オレンジのカラーシートを縦長
にこねて、ニンジンの形を作成。
カービングナイフでニンジンに
横線の模様をつける。

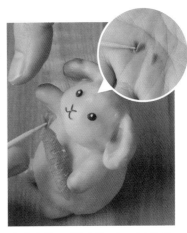

24 オリーブのカラーシートでニン
ジンの葉っぱを表現。竹串でニン
ジンの上にのせる。

完成！

ニンジンを手にしたキュートなウサギの
出来上がり。色はお好みでどうぞ。

25 ディッピング用のワックスを
93℃に熱し、ウサギの体を一瞬
だけ浸し、すぐ引き上げ（1回の
み）、「お散歩」させたら完成。

Forest animal candle

フクロウキャンドル

材料

● 胴体用・1羽分
　ブレンドワックス　50g
　（パラフィンワックス95%、マイク
　ロクリスタリンワックス　ソフト
　タイプ5%）
● 羽用
　ブレンドワックス　10g
　（パラフィンワックス50%、マイク
　ロクリスタリンワックス　ソフト
　タイプ50%）
● 着色用
　パラフィンワックス　10g
　顔料（ベージュ、バニラ、グレー）

● ディッピング用
　パラフィンワックス　500g
● 目・口用
　カラーシート（ブラック、ホワイト、
　オレンジイエロー）
● 平芯3×3+2（約8cm）　1本
● 座金　1個

※カラーシートの詳細P18

道具

● ホーロー鍋
● IHヒーター
● スケール
● 温度計
● 割り箸
● 竹串
● 筆
● ヒートガン
● シリコンモールド
● ラップ
● はさみ

1 ホイッピングした胴体用のワックス50gをラップの上に出す。

2 ラップを絞って、油脂分の液体がすき間から漏れ出ないように丸める。

3 ラップを外したら、ラップの絞り口側を下にして、楕円形に整える。

4 ディッピング用のワックスを80〜90℃に溶かし、3をディッピングする。

5 顔と体が分かれるように、竹串で半分より少し上に切り込みを入れる。

6 手でくびれを作り、鳩胸のように胴体を整えるとよりキュートな仕上がりになる。

7 一度溶かしてシリコンモールドで固めた、羽用のブレンドワックスを型から取り外す。はさみで葉っぱの形に2枚カットする。

8 葉っぱの尖った部分を下に向けて、胴体の両サイドに7を貼りつける。

9 2枚とも内側部分を胴体に付着させて、手を下げた「気をつけ」の姿勢にする。

10 目をつける部分を人差し指で凹ませて、くぼみを作る。

11 竹串で頭部の中央から穴をあける。

12 座金をつけた芯を底面から通す。

13 本体が冷めたら、ディッピング用のワックスを100℃に熱し、芯を持って全体を1回ディッピングする。

14 ディッピング後は、本体をテーブルの上で「お散歩」させて、垂れてくるワックスを取り除く。

15 着色用のワックスと3色の顔料を準備する。

16 ワックスを溶かして顔料を加え、筆先を浸す。胴体に縦の線が入るように色を塗っていく。

17 羽の先は黒っぽい色になるように、色みを調整しながら塗る。

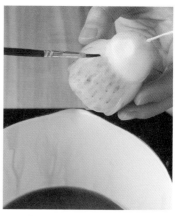

18 顔の部分は避けて、全体を薄い茶色とグレーで塗り進める。

19 目・口用のカラーシートを用意する。

20 オレンジイエローのカラーシートを三角形にこねて、くちばしをつける。

21 目はブラックのカラーシートを小さくこねて、くぼみの上にのせる。

22 顔のパーツは、左右対称になるようにつけることがポイント。

23 目の中のアイキャッチは、ホワイトのカラーシートを小さく丸めてつける。

24 ディッピング用のワックスを93℃に熱し、フクロウの体を一瞬だけ浸し、すぐ引き上げる（1回のみ）。

25 ディッピング後はテーブルの上で再び「お散歩」させ、垂れてくるワックスを取り除いたら完成。

完成！

ほっこり感の漂うフクロウが出来上がり。
耳をつけても愛らしい。

Forest animal candle

ハリネズミキャンドル

材料

● 胴体用・1匹分
ブレンドワックス　50g
（パラフィンワックス 95%、マイク
ロクリスタリンワックス　ソフト
タイプ 5%）
● 足・耳用
ブレンドワックス　10g
（パラフィンワックス 50%、マイク
ロクリスタリンワックス　ソフト
タイプ 50%）
顔料（ホワイト、ベージュ、バニラ）
● 胴体部分の着色用
パラフィンワックス　5g
顔料（ホワイト、ベージュ、バニラ、
グレー、ピンク）

● ディッピング用
パラフィンワックス　500g
● 目・鼻・口用
カラーシート（ブラック、ホワイト）
● 平芯 3×3+2（約6cm）　1本
● 座金　1個

※カラーシートの詳細 P18

道具

● ホーロー鍋
● IHヒーター
● スケール
● 温度計
● 割り箸
● 竹串
● 筆
● ヒートガン
● シリコンモールド
● カービングナイフ
● ラップ
● はさみ

60

1　ホイッピングした胴体用のワックス50gをラップの上に出す。

2　ラップを絞って、油脂分の液体がすき間から漏れ出ないように丸める。

3　ラップを外したワックスを卵形に整える。ディッピング用のワックスを80〜90℃に溶かし、全体をディッピングする。

4　卵形の先をつまみ、ハリネズミの鼻をイメージして尖らせる。

5　丸みを帯びるようにシルエットをカーブさせる。お尻は丸く、鼻先はツンと尖るように成形。

6　一度溶かしてシリコンモールドで固めた、足・耳用のブレンドワックスを型から取り外す。

7　6のワックスをはさみで小さくカットする。

8　6のワックスを縦長にこねて足の形を2つ作る。

9　底面に触れながら両サイドに足をつける。

10 6のワックスを三角の形に2つこねて、頭にのせたら耳が完成。

11 尻尾は、6のワックスを小さく丸めてお尻に付着させる。

12 背中の真ん中に上部から竹串で穴をあけ、座金をつけた芯を底面から通す。

13 本体が冷めたら、ディッピング用のワックスを100℃に熱し、芯を持って全体を1回ディッピング。その後「お散歩」させる。

14 ホーロー鍋に胴体部分の着色用のワックスを溶かし、ホワイト、ベージュ、バニラの顔料を加える。

15 ワックスがクリーム色になったら筆先を浸し、ハリネズミの全身を塗る。

16 15の鍋にグレーの顔料を加えて筆先を浸し、針の向きに沿って線状に色を塗っていく。

17 胴体は色ムラを意識し、額の部分はM字になるように塗るのがポイント。

18 鼻先の部分は、ベージュやグレーなどの色でくすませる。

19 背中部分にヒートガンを当て、温めて柔らかくする。

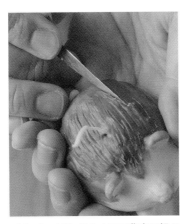

20 カービングナイフで背中に細かい線を入れる。下地の白色が見えると、針をよりリアルに再現できる。

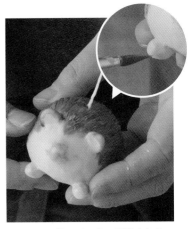

21 16の鍋にピンクの顔料を加えて筆先を浸し、足の先端部分がほんのりピンク色になるように着色する。

22 目・鼻・口用のカラーシートを用意する。

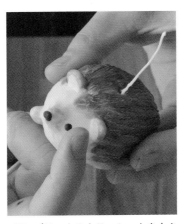

23 ブラックのカラーシートを小さくこねて、顔に目と鼻をつける。

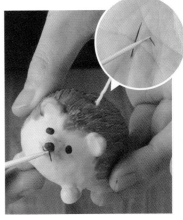

24 ブラックのカラーシートで糸状の形を2本作り、竹串で口元に入れ込む。目の中のアイキャッチはホワイトのカラーシートを小さく丸めてつける。

25 ディッピング用のワックスを93℃に熱し、ハリネズミの体を一瞬だけ浸し、すぐ引き上げ（1回のみ）、「お散歩」させたら完成。

完成！

眺めているだけで癒される、尖った鼻が愛らしいハリネズミの出来上がり。

森の暮らしキャンドル

山小屋の中でパンやグラタンを焼き、森に出てブ
ルーベリーやイチゴを摘む。そんな心豊かな暮らし
を想像しました。森の自然が感じられる温かいデザ
インが特徴です。手ごね中心なので、色、形、大きさ
を自由に楽しめます。

Forest life candle

山小屋ランタン

材料

● 家のパーツ用
ステンレスバット大
(15cm × 21.5cm)：
ブレンドワックス　100g
(パラフィンワックス95%、マイクロクリスタリンワックス　ソフトタイプ5%)
ステンレスバット小
(10.5cm × 19.5cm)：
ブレンドワックス　55g
(パラフィンワックス95%、マイクロクリスタリンワックス　ソフトタイプ5%)
● 丸太用
ブレンドワックス　50g
(パラフィンワックス50%、マイクロクリスタリンワックス　ソフトタイプ50%)
● 着色用
パラフィンワックス　5g
顔料(ライトブラウン、ダークブラウン)

● 屋根の皮用
ブレンドワックス　30g
(パラフィンワックス50%、マイクロクリスタリンワックス　ソフトタイプ50%)
顔料(ライトブラウン、ダークブラウン)
● 雪用
パラフィンワックス　90g
顔料(ホワイト)
● 粉雪用
ステアリン酸　少量
● ディッピング用
パラフィンワックス　500g
● 接続用：固形
マイクロクリスタリンワックス
ソフトタイプ　少量
● 接続用：液体
パラフィンワックス　適量
● 家まわりの花材　適量(お好みで)

道具

● ホーロー鍋
● IHヒーター
● スケール
● 温度計
● 割り箸
● 筆
● ヒートガン
● シリコンモールド
● 厚紙の方眼用紙
● おろし器
● クッキングシート
● ワイヤーブラシ
● カービングナイフ
● カッターボード
● フライパン
● シリコンスプレー
● LEDライト

準備

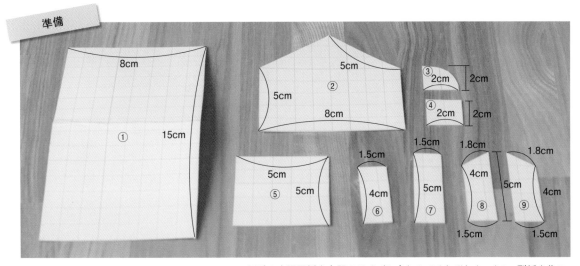

厚手の方眼用紙を上記のサイズに合わせてそれぞれカットし、型紙を作る。

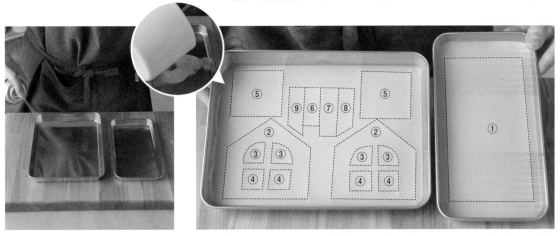

1 ステンレスバットを大小2サイズ用意して、シリコンスプレーを吹きかける。

2 家のパーツ用のワックスを約85℃に温め、各ステンレスバットに注ぐ。羊羹くらいの硬さに白く固まったら、準備しておいた型紙を番号通りに置き、カービングナイフで切り目を入れる。

大きいバット使用

小さいバット使用

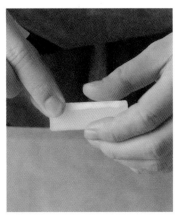

3 ワックスが完全に固まったら、折れないように気をつけながら、ステンレスバットから取り外す。

4 型紙に沿って切り取ったすべてのパーツ。これらを家の形に組み立てていく。

5 接続用：固形のワックスを細長くこねて、⑥⑦⑧⑨のパーツの接続部分に付着させる。

6 煙突の形に成形する。

7 接続用：液体のワックスを溶かして筆先を浸す。パーツを接続した部分に塗り、外れないように固定する。

8 1度溶かしてシリコンモールドで固めておいた、丸太用のワックスを型から外す。

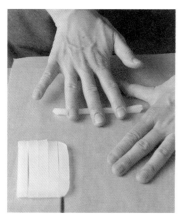

9 クッキングシートを敷いた上に*8*をのせ、細長い形に切った後、手で棒状にこねていく。

10 *9*を横向きにして4面の家の壁につけていく。

11 壁4面と煙突を冷ます。ディッピング用のワックスを100℃に熱し、1回ディッピングをする。この時、火傷には十分気をつける。

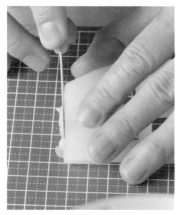

12 ワックスがまだ温かいうちに、丸太が飛び出しているところをカービングナイフでカットする。

13 壁4面すべてに、*12*と同様のカット作業を行う。

14 着色用のワックスを溶かして顔料を加える。筆先を浸して壁4面に色を塗る。

15 煙突は濃いブラウンで着色し、壁の色と濃淡の差が出るように意識する。

16 ワイヤーブラシを使って壁に傷をつけ、乾いた自然木の質感を表現する。

17 壁4面を家の形に組み立てていく。パーツの接続部分には接続用：固形のワックスを細長くこねて付着させる。

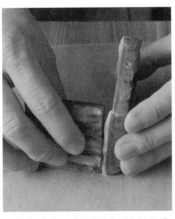

18 接続する時は持ち上げたりせず、クッキングシートの上で組み立てる。

19 溶かした接続用：液体のワックスを筆先に浸し、白い部分が隠れるように塗る。

20 8cm×15cmのパーツを準備し、中央部分だけヒートガンで温めて柔らかくする。

21 組み立てた家の形に合わせて、山形になるように*20*を曲げる。

22 *14*のワックスに筆先を浸し、屋根に色を塗っていく。この時、屋根の縁や裏側などもすべて着色する。

23 煙突の接続部分に、接続用：固形のワックスをこねて付着させ、煙突が傾かないように垂直に取り付ける。

24 14のワックスに筆先を浸し、白い部分が隠れるように塗る。

25 溶かした屋根の皮用のワックスをシリコンモールドに注ぐ。顔料を加えて色がマーブル状に混ざったら固めて、型から外す。

26 マーブル状のシートが温かいうちにワイヤーブラシで横に細かい筋を入れ、木の質感を出す。

27 カービングナイフで1cm幅の細長い形にカット。それを手でちぎり、スキー板のように先端をカーブさせて「屋根の皮」を作る。

28 接続用：固形のワックスを、少量フライパンに入れて溶かす。

29 屋根の皮のカーブした部分を手に持ち、平らな面を溶けたワックスに一瞬つける。これをのりとして使用。

30 のりが乾く前に、素早く屋根の下側から皮を貼りつけていく。

31 てっぺんまでのりをつけながら、すべて皮を貼りつけたら屋根が完成。

32 溶かした雪用のワックスに顔料を加えてホイッピング。トロトロの状態になったら、割り箸で屋根の上にランダムにのせていく。

33 32で余ったワックスを液体になるまで溶かし、筆先を浸して壁面にも雪がついているように色をのせる。

34 33で余ったワックスを再びホイッピング。トロトロになったら、クッキングシートの上にのせ、家の土台となるように広げる。

35 仕上げた家をそっと持ち上げて土台の上に固定。その際、家が雪の土台からはみ出ないように調整する。

36 季節をイメージした花や葉など、お好みの装飾をちりばめてデコレーションする。

37 固形にしたステアリン酸をおろし器で削り、家の上から振りかける。まるで粉雪が舞っているかのようにかぶせるのがポイント。

Point!

LEDのライトを使って灯す！
使用する時は屋根を外し、家の中にLEDライトを入れて光を灯します。屋根が溶けてしまうので、本物の火を使うキャンドルは絶対に入れないようにしましょう。

完成！

冬の雪山を明るく照らす
木の山小屋をイメージ。

 Forest life candle

ブレッドキャンドル

材料

道具

● ベース用
　ブレンドワックス：3種類分　300g
　（パラフィンワックス95％、マイク
　ロクリスタリンワックス　ソフト
　タイプ5％）
　顔料（ベース：イエロー、バニラ、
　ライトブラウン、ダークブラウン）
● クロワッサン着色用
　パラフィンワックス　5g
　顔料（イエロー、バニラ、ライトブ
　ラウン、ダークブラウン）
● カンパーニュ・バタール着色用
　パラフィンワックス　5g
　顔料（バニラ、ライトブラウン、ダー
　クブラウン）

● ツヤ出し用
　パラフィンワックス　5g
● パンの白い粉
　ステアリン酸　少量
● 平芯3×3＋2（約5cm）　3本
● 座金　3個

● ホーロー鍋
● IHヒーター
● スケール
● 温度計
● 割り箸
● 竹串
● 筆
● おろし器
● カービングナイフ

ベースを作る

1 ブレンドワックスと顔料を準備する。

2 ブレンドワックスに顔料を溶かしながら、出汁のような薄い茶色になるように色みを調整する。

3 表面に膜が張り始めたら、割り箸を使ってホイッピング。

4 マッシュポテトくらいの硬さに固まってきたら、スケールにラップを敷き、95gに計量したかたまりを3個作る。

5 それぞれのラップを絞って、油脂分の液体がすき間から漏れ出ないように丸める。

6 ラップに包まれたかたまりが3個できたら、ベースは完成。

カンパーニュを作る

1 ラップを外したら、形を丸く整え、竹串を使って「クープ」と呼ばれる十字の切り込みを入れる。

2 指で中央の部分を凹ませる。

3 凹ませた部分を竹串で引っかき、ザラザラした感触に仕上げる。中央に竹串で穴をあけ、座金をつけた芯を底面から通す。

4 カンパーニュ・バタール着色用のワックスを溶かして顔料を加える。中央は薄く、まわりは濃い焼き色になるように着色する。

5 カービングナイフの背を使って、焼き色をつけた部分に横線を入れる。

6 一度溶かしたステアリン酸を固め、おろし器で削った粉末を指にとり、横線に擦り込む。

バタールを作る

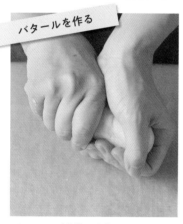

1 ラップを外した後、ワックスを両手で絞るようにしながら、細長い形に整える。

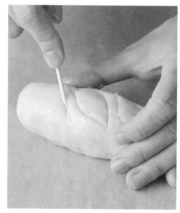

2 竹串で、葉っぱのような模様を3ヶ所入れる。

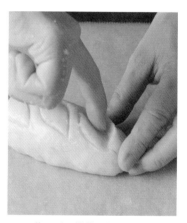

3 葉っぱの模様を指で少し凹ませて、表面に立体感を出す。

4 バタールの形が完成。中央に竹串で穴をあけ、座金をつけた芯を底面から通す。

5 カンパーニュの着色に使用したワックスを再度溶かして筆先を浸し、葉っぱの形は薄く、まわりは濃い茶色に塗る。

6 カンパーニュの時に使用したステアリン酸の粉末を指にのせ、表面にこすりつけるように擦り込む。

クロワッサンを作る

1 ラップを外したら、三日月のような形に丸め、竹串で表面に深い切り込みを入れる。

2 切り込みを入れた線に指を入れて、自然な膨らみになるように馴染ませる。

3 竹串で細い縦線を入れていく。形が完成したら中央に竹串で穴をあけ、座金をつけた芯を底面から通す。

4 クロワッサン着色用のワックスを溶かし、イエローの顔料を加えて筆先を浸す。切り込みに塗って、バターが滲み出たような色みに。

5 4にバニラ、ライトブラウン、ダークブラウンの顔料を加える。筆で表面を滑らせるように塗り、焼き色を再現。

6 ツヤ出し用のワックスを約100℃に溶かしてパン全体に塗り、ツヤを出す。この時、重ね塗りをするとツヤが出なくなるので注意。

完成!

部屋に飾ったり、火を灯して雰囲気を出したり。
まるで本物のようなブレッドキャンドルの出来上がり。

 グラタンキャンドル

Forest life candle

材料

● 土台用
パラフィンワックス　100g
● ジャガイモ用
ブレンドワックス　20g
（パラフィンワックス95％、マイクロクリスタリンワックス　ソフトタイプ5％）
顔料（イエロー、バニラ、ベージュ）
● ホウレン草用
ブレンドワックス　7g
（パラフィンワックス50％、マイクロクリスタリンワックス　ソフトタイプ50％）
顔料（オリーブ、ライトグリーン）
● エビ用
ブレンドワックス　10g
（パラフィンワックス50％、マイクロクリスタリンワックス　ソフトタイプ50％）
顔料（ホワイト、バニラ、ベージュ）
● エビ着色用
パラフィンワックス　5g

顔料（バニラ、オレンジ、ライトブラウン）
● ホワイトソース用
ソイワックス　ソフトタイプ　35g
● 仕上げ用
パラフィンワックス　各少量
● 仕上げ用顔料
パセリ：ライトグリーン、オリーブ
パン粉：ライトブラウン、ダークブラウン
焦げ目：ライトブラウン、ダークブラウン
チーズ：イエロー、バニラ
● 耐熱皿　直径内側10cm
● 平芯4×3+2（約8cm）　1本
● 座金　1個
● 座金固定用
マイクロクリスタリンワックス
ソフトタイプ　少量

道具

● ホーロー鍋
● IHヒーター
● スケール
● 温度計
● 割り箸
● 竹串
● 筆
● シリコンモールド
● ラップ
● カービングナイフ
● クッキングシート
● 白紙
● ダブルクリップ
● カッターボード

エビを作る

1 エビ用のブレンドワックスを溶かし、顔料で着色後、シリコンモールドで固める。

2 固めたらシリコンモールドから取り外し、カーブをつけたエビの形を6尾作る。

3 エビ着色用のワックスを溶かし、顔料を加える。細い筆先を浸し、オレンジ色とクリーム色のシマ模様になるように塗る。

ジャガイモを作る

1 ジャガイモ用のワックスを溶かし、薄く色がつくように顔料を加えたらホイッピング。

2 ワックスがほろほろと固まってきたら、ラップの上に取り出す。

3 ラップを絞って、油脂分の液体がすき間から漏れ出ないように丸める。

4 ラップを外し、丸いジャガイモの形を作ったら、カービングナイフで乱切りにする。この時、形が崩れたジャガイモも使う。

ホウレン草を作る

1 ホウレン草用のワックスを約130℃に溶かし、シリコンモールドに注ぐ。顔料を加えてマーブル状に混ぜ、固まったら外す。

2 薄い緑色の部分はカービングナイフで細くカットし、少しねじりながら丸めて茎の形を作る。

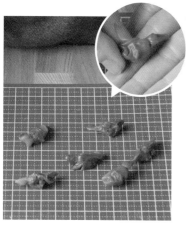

3 濃い緑色の部分は適当な大きさにちぎり、くしゃくしゃに丸めた葉の形を6個作る。

パン粉を作る

1 溶かした仕上げ用のワックスにパン粉の顔料を加えて筆先を浸し、クッキングシートに色を塗り広げる。

2 塗り終えたら、冷凍庫で約10秒冷やす。すると、着色したワックスが固まって自然とシートから浮き上がる。

3 2のクッキングシートごとくしゃっと丸めて、ワックスを粉末状にする。ベージュ色のパン粉が完成。

パセリを作る

1 溶かした仕上げ用のワックスにパセリの顔料を加えて筆先を浸し、白紙に薄く色ムラを残しながら塗り広げる。

2 ワックスが完全に乾いたら、竹串で削り取る。

3 粉末状のパセリが完成。

仕上げ

1 耐熱皿を用意。芯に座金をセットし、小さく丸めた座金固定用のワックスで皿の中央に付着させる。

2 耐熱皿に土台用のワックスを粒状のまま50g入れる。

3　芯を割り箸とダブルクリップで固定し、残りの土台用のワックス50gを90℃に溶かして耐熱皿に注ぎ固めておく。

4　ホワイトソース用のワックスを約70℃に溶かし、耐熱皿に注ぐ。

5　4のワックスが固まる前に、素早くジャガイモ、エビ、ホウレン草の順で具材を皿に詰め、しっかりと固める。

6　完全に固まったら溶かした仕上げ用のワックスにチーズの顔料を加える。筆でホワイトソースに着色する。

7　6のワックスに焦げ目の顔料を加えて筆先を浸し、皿の縁に焦げ目がついたように色を塗る。

8　パン粉を筆先につけ、皿の縁にランダムにつけていく。

9　パセリを皿の中央にパラパラと振りかけて完成。

完成！

美味しそうな焦げ目と焼き色が食欲をそそるグラタンの出来上がり。

 # イチゴ＆ブルーベリーキャンドル

Forest life candle

材料

- ●イチゴ用
  ブレンドワックス　30g
  （パラフィンワックス50%、マイク
  ロクリスタリンワックス　ソフト
  タイプ50%）
  顔料（ライトグリーン、レッド）
- ●イチゴのへた用
  ブレンドワックス　10g
  （パラフィンワックス50%、マイク
  ロクリスタリンワックス　ソフト
  タイプ50%）
  顔料（オリーブ、ライトグリーン）
- ●ブルーベリー用
  ブレンドワックス　10g
  （パラフィンワックス50%、マイク
  ロクリスタリンワックス　ソフト
  タイプ50%）
  顔料（ブラック、ブルー、レッド、
  パープル）
- ●ブルーベリー仕上げ用
  ステアリン酸　少量
- ●葉っぱ用
  ブレンドワックス　10g
  （パラフィンワックス50%、マイク

  ロクリスタリンワックス　ソフト
  タイプ50%）
  顔料（オリーブ、ライトグリーン）
- ●箱用
  ブレンドワックス　30g
  （パラフィンワックス50%、マイク
  ロクリスタリンワックス　ソフト
  タイプ50%）
- ●箱着色用
  パラフィンワックス　5g
  顔料（ライトブラウン、ダークブラ
  ウン）
- ●箱接続用
  パラフィンワックス　適量
- ●箱内ベース用
  パラフィンワックス　100g
  顔料（ライトグリーン、オリーブ）
- ●ディッピング用
  パラフィンワックス　500g
- ●平芯4×3+2（約5cm）　1本
- ●座金　1個
- ●座金固定用
  マイクロクリスタリンワックス
  ソフトタイプ　少量

道具

- ●ホーロー鍋
- ●IHヒーター
- ●スケール
- ●温度計
- ●割り箸
- ●竹串
- ●筆
- ●ヒートガン
- ●葉っぱ型シリコンモールド
- ●花の型
- ●シリコンモールド（7cm×14cm）
  2個
- ●ワイヤーブラシ
- ●カービングナイフ
- ●定規
- ●目打ち
- ●カッターボード

イチゴを作る

1 イチゴ用のワックスを約140℃に溶かし、シリコンモールドに注ぐ。顔料を加え、上下に分けてライトグリーンとレッドに着色する。

2 固まったらシリコンモールドから外す。6等分にカットしたシートを、両サイドからクルクルと丸める。

3 滑らかな面を表に見せ、シワや縁は裏に隠し込んでイチゴの形を作る。

4 目打ちを使って、中心から外側に向かって、放射線状に小さな切り込みを入れる。

5 赤色のエリアも同様に、目打ちで下側から切り込みを入れ、イチゴの種を表現する。

6 イチゴのへた用のワックスを溶かし、シリコンモールドに注ぐ。顔料をマーブル状に加えて固めたら、型から外す。

7 花（2cm×2cm）の型抜きを使って、12枚くり抜き、へたを作る。

8 7で余ったワックスをホーロー鍋で溶かして筆先を浸す。花の表面にワックスを塗り、2枚を少しずらしてつける。

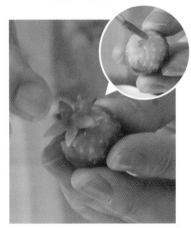

9 イチゴの頭部に8の液体ワックスを塗って、へたを固定する。

1 ブルーベリー用のワックスを140℃に溶かし、シリコンモールドに注ぐ。顔料で濃い青紫色に着色し、固まったら型から外す。

2 ワックスを小さく丸めて、ブルーベリーの形を7個作る。1本の割り箸でブルーベリーの表面に小さな穴をあける。

3 穴の縁がギザギザ模様になるように、竹串で縦の切り込みを入れる。

4 ブルーベリー仕上げ用のワックスを約100℃に熱したら筆先を浸す。ブルーベリーの穴に竹串を刺し、果実全体に塗る。

葉っぱを作る

葉っぱ用ワックスを溶かし、顔料でマーブル状に色をつけたら、葉っぱ型のシリコンモールドに流して固める。固まったら型から取り出す。

箱を作る

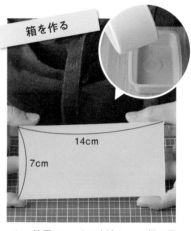

1 箱用のワックスを溶かし、2個の長方形のシリコンモールドにそれぞれ注ぐ。固まったら2枚を型から外す。1枚は長方形にカットする。

14cm
7cm

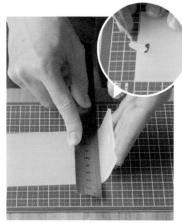

2 ヒートガンで1を温め、カービングナイフで箱の持ち手になる穴をあける。シートの両サイド約3cm内側でそれぞれ直角に曲げる。

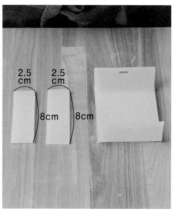

3 もう1枚のシートは、カービングナイフで2.5cm×8cmの長方形に2枚にカットする。

2.5cm 2.5cm
8cm 8cm

4 箱に3の長方形のシートをはめ込み、溶かした箱接続用のワックスを筆で接続部に塗っていく。4面を固定し箱形に仕上げる。

5 ディッピング用のワックスを
100℃に熱し、箱全体を1回ディッ
ピングする。

6 箱着色用のワックスを溶かして顔
料を加え、筆で横方向に色を塗り
進める。木目調に見せるため、濃
淡をつけるのがポイント。

7 色を塗り終えたら、4面にワイ
ヤーブラシで横方向に傷をつけ
る。

仕上げ

1 芯に座金をセットし、座金固定用
のワックスで箱の中央に付着さ
せる。箱内ベース用のワックスを
溶かし、顔料で着色する。

2 1のワックスをトロトロにホイッ
ピングし、箱の中にすべて詰める。

3 詰め終えたら、イチゴ、ブルーベ
リーの順で素早くのせていく。

4 すき間の部分に、葉っぱをのせて
出来上がり。

完成！

野山で摘んだイチゴやブルーベリーが
たっぷり詰まったBOXの出来上がり。

Chapter 5

イベントキャンドル

クリスマスやハロウィン、バレンタイン、バースデー
のお祝いにぴったりなイベントキャンドルを作りま
す。森に暮らす「こびとサンタ」やハロウィンを彩る
「おもちゃカボチャ」は眺めているだけで楽しめるデザ
イン。ケーキやブラウニーのキャンドルは大切な人へ
のギフトにもおすすめです。季節に合わせたインテリ
アとしても飾れるキャンドルに仕上げました。

 # クリスマスキャンドル
（サンタクロース）

Event candle

材料

● 胴体用・7体分
　ブレンドワックス　40g
　（パラフィンワックス50％、マイク
　ロクリスタリンワックス　ソフト
　タイプ50％）
● 着色用ワックス
　パラフィンワックス　5g
　顔料（レッド）
● 顔・手用
　ブレンドワックス　20g
　（パラフィンワックス50％、マイク
　ロクリスタリンワックス　ソフト
　タイプ50％）
　顔料（バニラ）

● 目・ヒゲ・髪用
　カラーシート2枚（ホワイト、ブ
　ラック）
● 頬用
　パラフィンワックス　少量
　顔料（レッド）
● ディッピング用
　パラフィンワックス　500g
● 平芯2×3+2（約5cm）　7本
● 座金　7個

※カラーシートの詳細P18

道具

● ホーロー鍋
● IHヒーター
● スケール
● 温度計
● 割り箸
● 竹串
● 筆
● ヒートガン
● ワイヤー

1 胴体用のワックスを溶かした後、ホイッピングする。

2 手ごねで直径1.5cm×高さ2cmの円柱を作り、両サイドに細長い形に整えた腕をつけ胴体を作る。

3 余ったワックスで直径1.5cm×高さ1cmの円錐になるようにこねて、三角形の帽子を作る。

4 着色用のワックスを溶かし、顔料を加える。筆先に浸し、胴体を塗る。

5 帽子も赤く塗る。

6 ワイヤーで胴体の中央に穴をあける。

7 座金をつけた芯を底面から穴に通す。

8 帽子の中央もワイヤーで穴をあけておく。

9 顔・手用のワックスを溶かし、顔料を加えたらホイッピングする。

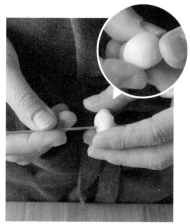

10 9のワックスを適量手にとり、顔の形になるように丸くこねて、ワイヤーで中央に穴をあける。

11 胴体、顔、帽子をつなげて芯を通す。

12 9のワックスを雫形にこねて、鼻をつける。

13 9のワックスで、丸い形を2つ作り、頬につける。

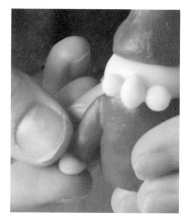

14 9のワックスで、さらに丸い形を2つ作り、袖口に手をつける。

15 ホワイトのカラーシートを用意する。

16 15を細長く均一の太さにこねて、帽子の縁につける。さらに15を小さく丸めてボンボンを作り、帽子の頭頂部につける。

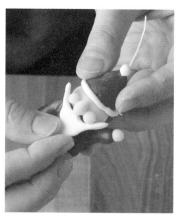

17 15を三角形にこねてヒゲを作る。ヒゲは鼻や頬とすき間ができないようにピッタリとくっつけるのがポイント。

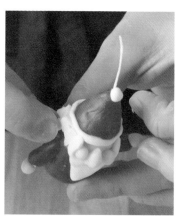

18 15を楕円形にこねて白色の髪の毛を作る。耳元や頭の後ろを隠して、すき間を作らないように付着させる。

19 15を細くこねて眉毛の形を2つ
作り、竹串でつける。

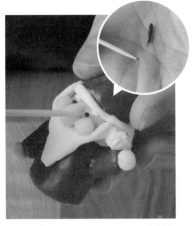

20 ブラックのカラーシートを用意
し、小さく丸めて、竹串で2つの
目をつける。

21 頬用のワックスを溶かし、顔料を
加えて薄い色をつける。

22 21のワックスに筆先を浸し、頬
がうっすら赤みがかるように色
を塗る。

23 竹串もしくは爪楊枝で、白いヒゲ
に縦線を入れる。

24 ディッピング用のワックスを
93℃に溶かし、本体を一瞬だけ1
回浸す。垂れてくるワックスを
「お散歩」で取り除いたら完成。

完成!

「こびとサンタ」の出来上
がり。洋服の色や腕の位
置はお好みで楽しんで。

Event candle

ハロウィンキャンドル
（パンプキン）

材料

● カボチャ用・1個分
ブレンドワックス　中サイズ100g
※大サイズは130g、小サイズは80g
　で作成
（パラフィンワックス95％、マイク
ロクリスタリンワックス　ソフト
タイプ5％）

● 着色用
パラフィンワックス　5g
顔料（オレンジ、イエロー、オリー
ブ、ライトグリーン、ホワイト、
ベージュ、レッド）

● へた用
ブレンドワックス　5g
（パラフィンワックス50％、マイク
ロクリスタリンワックス　ソフト
タイプ50％）

● ディッピング用
パラフィンワックス　500g
● 平芯3×3+2（約10cm）　1本
● 座金　1個

道具

● ホーロー鍋
● IHヒーター
● スケール
● 温度計
● 割り箸
● 竹串
● 筆
● シリコンモールド
● ワイヤーブラシ
● ラップ
● はさみ

中サイズのカボチャ1個を作る

1 100gのブレンドワックスをホイッピングし、ほろほろと固まってきたらラップに取り出す。

2 ラップを絞り、カボチャの形に近づけながらまとめる。

3 ワックスから出る脂分が中で固まるように、ラップの上からワックスをギュッと握る。

4 ラップを外す。

5 ラップのしぼり口側を逆さまにして野球ボールを少し潰した球形になるように両手で丸める。

6 ディッピング用のワックスを80〜90℃に溶かし、丸めたワックスをディッピングする。この時、火傷には十分気をつける。

7 竹串で、球のてっぺんにカボチャの筋模様を入れていく。

8 側面は竹串で深く筋を入れる。

9 てっぺんの中央部分を指で凹ませて、へたをのせる場所を作る。

10 へた用のブレンドワックスを溶かし、シリコンモールドに注ぐ。固まったら型から外す。

11 10のワックスをはさみで長方形にカットする。

12 カットした10のワックスをのり巻きのようにクルクルと丸め、へたを作る。

13 へたの形に整えたら、凹ませた場所にのせる。

14 竹串でへたの中心から下に向かって穴をあける。カボチャのお尻側からへたに向かって、座金をつけた芯を通す。

15 着色用のワックスを溶かす。顔料を順に加え、ホーロー鍋をパレットのように使う。筆先にイエローを浸し、上半分を塗る。

16 筋の部分はライトグリーンで着色する。

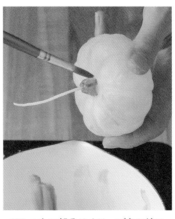

17 へたの部分はオリーブ色に塗る。

18 鍋の中でオリーブとライトグリーンを混ぜ合わせ、カボチャの上半分に色ムラができるように塗る。

19 カボチャの下半分はオレンジで塗る。

20 お尻部分もオレンジを使い、塗り残しがないように色をのばす。

21 鍋の中でオレンジとオリーブを混ぜ合わせ、カボチャの上部から側面に色をのせる。

22 ライトグリーンやイエローを使って、さらに色を塗り重ねていく。

23 筋の部分は深いブラウン系の色で塗り、立体感を出す。

24 芯をはさみで約1cmの長さにカットする。

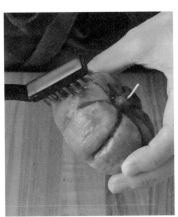

25 ワイヤーブラシで全体をブラッシング。カボチャの皮特有のざらっとしたマットな質感を出したら完成。

完成！

多彩な色を重ねて、立体感や質感を表現した「おもちゃカボチャ」の出来上がり。

Event candle

バレンタインキャンドル
（ブラウニー）

材料

● 生地用
ブレンドワックス　200g
（パラフィンワックス95％、マイク
ロクリスタリンワックス　ソフト
タイプ5％）
顔料（ダークブラウン）

● ナッツ用
ブレンドワックス　30g
（パラフィンワックス50％、マイク
ロクリスタリンワックス　ソフト
タイプ50％）
顔料（ホワイト、バニラ、マロン、
ライトブラウン）

● ナッツ類着色用
パラフィンワックス　5g
顔料（バニラ、ライトブラウン）

● ピスタチオ用
ブレンドワックス　20g
（パラフィンワックス50％、マイク
ロクリスタリンワックス　ソフト
タイプ50％）

顔料（ホワイト、バニラ、ライトグ
リーン、ダークブラウン）

● レーズン用
カラーシート　少量（ライトグリー
ン、ダークブラウン）

● クランベリー用
カラーシート　少量（ブラックベ
リー、ダークブラウン）

● イチゴフレーク用
ブレンドワックス　3g
（パラフィンワックス95％、マイク
ロクリスタリンワックス　ソフト
タイプ5％）
顔料（レッド）

● 接続用：液体
パラフィンワックス　適量

● 平芯3×3＋2（約4cm）　3本

● 座金　3個

※カラーシートの詳細P18

道具

● ホーロー鍋
● IHヒーター
● スケール
● 温度計
● 割り箸
● 竹串
● 筆
● ヒートガン
● ワイヤーブラシ
● カービングナイフ
● スケッパー
● カッターボード
● 長方形シリコンモールド

ナッツ用のシートを作る

ナッツ用のワックスを溶かして顔料を加え、シリコンモールドに注ぐ。固まったら型から外す。

カシューナッツを作る

1 ナッツ用のシート4分の1を手でちぎる。

2 カーブをつけて三日月形に成形。カシューナッツは色を塗らずにこのまま使用する。

ピーナッツを作る

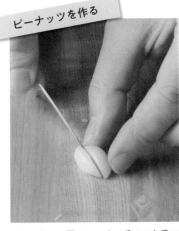

1 ナッツ用のシート4分の1を手でちぎり、皮をむいたピーナッツの形にこねたら、カービングナイフで半分にカット。

2 ナッツ類着色用のワックスを溶かし、顔料を加えて色みを調整。カットした断面に薄く色を塗る。

くるみを作る

1 ナッツ用のシート4分の1を手でちぎり、平たくつぶした形に整え、竹串で割れ目を入れる。

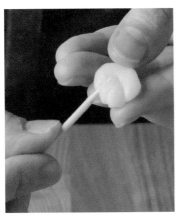

2 くるみのボコボコ感が出るように、竹串でランダムに線を入れる。

3 ピーナッツで使用した着色用のワックスで、筆先を使い、色を薄めに塗る。素焼きの乾いたくるみを表現。

アーモンドを作る

1 ナッツ用のシート4分の1を手でちぎり、雫形にこねる。

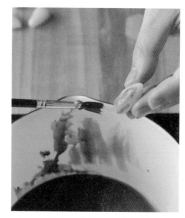

2 くるみで使用した着色用のワックスに、さらに顔料を加えて、縦方向に濃いめに色を塗る。

3 ワイヤーブラシで細かい縦筋を入れる。

ナッツ類の完成!

ピスタチオを作る

1 ピスタチオ用のワックスを溶かしてシリコンモールドに注ぎ、マーブル状に着色して固めたら型から外す。

2 カービングナイフでシートを細長くカットした後、細かいみじん切りにする。

クランベリーを作る

ブラックベリーとダークブラウンのカラーシートを混ぜ合わせる。小さくちぎり、シワシワに模様をつける。

レーズンを作る

1 ライトグリーンとダークブラウンのカラーシートを小さくちぎり、小豆粒大にこねたらカービングナイフの背中で線を入れる。

2 2種類のレーズンを4粒ずつ作る。

イチゴフレークを作る

1 イチゴフレーク用のワックスを溶かし、顔料を加えて固めたら型から外す。

2 シートをカービングナイフで細かいみじん切りにする。

仕上げ

1 生地用のワックスを溶かし、ホーロー鍋の中でトロトロの状態になるまでホイッピング。全体の8割をシリコンモールドに流す。

2 シリコンモールドにすき間なく平らにワックスを流したら、冷凍庫に入れて2～3分固める。

3 ホーロー鍋に残しておいたワックスを90～100℃に熱して、生地の上に注ぎ入れる。

4 アーモンド、カシューナッツ、くるみ、ピーナッツの順に素早くのせて、レーズン、クランベリー、イチゴフレークをちらす。

5 シリコンモールドをひっくり返しても、各パーツが落ちてこないかチェックする。

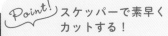

Point! スケッパーで素早くカットする！

ヒートガンで温めたスケッパーを使って垂直にカット。この時、表面が溶けないように、素早く行うことが大切です。

6 冷凍庫に2～3分入れて固めたら型から外す。3等分し、竹串で穴をあけた後、座金をつけた芯を通したら完成。

完成！

具だくさんで色鮮やかなブラウニーの出来上がり。ギフトとしてもおすすめ。

 # アニバーサリーキャンドル
（ケーキ）

Event candle

材料

● スポンジ用
　ブレンドワックス　120g
　（パラフィンワックス95%、マイク
　ロクリスタリンワックス　ソフト
　タイプ5%）
　顔料（ライトブラウン、イエロー）

● ホイップクリーム用
　ブレンドワックス　50g
　（パラフィンワックス50%、マイク
　ロクリスタリンワックス　ソフト
　タイプ50%）
　顔料（ホワイト）

● ピスタチオ用
　ブレンドワックス　7g
　（パラフィンワックス50%、マイク
　ロクリスタリンワックス　ソフト
　タイプ50%）
　顔料（ホワイト、バニラ、ライトグ
　リーン、ダークブラウン）

● イチゴ用
　ブレンドワックス　10g
　（パラフィンワックス50%、マイク
　ロクリスタリンワックス　ソフト

タイプ50%）
　顔料（レッド、ライトグリーン）

● イチゴスライス用
　ブレンドワックス　3g
　（パラフィンワックス50%、マイク
　ロクリスタリンワックス　ソフト
　タイプ50%）
　顔料（レッド）

● ブルーベリー用
　ブレンドワックス　3g
　（パラフィンワックス50%、マイク
　ロクリスタリンワックス　ソフト
　タイプ50%）
　顔料（ブラック、ブルー、レッド、
　パープル）

● ブルーベリー仕上げ用
　ステアリン酸　少量

● クランベリー用
　ブレンドワックス　2g
　（パラフィンワックス50%、マイク
　ロクリスタリンワックス　ソフト
　タイプ50%）
　顔料（ブラックベリー）

● ミント用
　ブレンドワックス　10g
　（パラフィンワックス50%、マイク

ロクリスタリンワックス　ソフト
　タイプ50%）
　顔料（ライトグリーン、オリーブ）

● 粉糖用
　ステアリン酸　少量

● ディッピング用
　パラフィンワックス　500g
　平芯3×3+2（約8cm）　3本

● 座金　3個

道具

● ホーロー鍋
● IHヒーター
● スケール
● 温度計
● 割り箸
● 竹串
● 筆
● ヒートガン
● おかずカップシリコンモールド
● シリコンモールド（丸型、直径
　8.5cm）
● スケッパー
● おろし器

イチゴ

ブルーベリー

ピスタチオ

※イチゴ5粒とブルーベリー5粒は、P80～83の「イチゴ＆ブルーベリーキャンドル」でご紹介したレシピで作成。ただし、ここではひと回り小さいサイズを作る。ピスタチオ4粒は、P94～97の「ブラウニー」でご紹介したレシピで作成。

クランベリーを作る

1 クランベリー用のワックスを溶かして顔料を加え、固めたブラックベリー色のシートを作る。

2 約2gずつ小さく丸める。3つずつ正三角形状にくっつけたら、約100℃に熱したパラフィンワックスで1回ディッピング。

イチゴスライスを作る

イチゴスライス用のワックスを溶かして顔料を加え、シリコンモールドに注ぐ。固まったら型から外し、葉っぱの形にカットする。

ミントを作る

1 ミント用のワックスを溶かし、顔料でマーブル状に着色して固めたシートを葉っぱの形にカット。竹串で葉の縁をギザギザにする。

2 竹串で葉っぱの表面に葉脈の模様を入れる。

3 内側に竹串で少しカーブをつけると、よりリアルな葉っぱに仕上がる。

1 スポンジ用のワックスを顔料で薄く着色し、ホイッピング。丸型のシリコンモールドに60g量って詰める。

2 1の丸形のスポンジを2枚作る。ケーキの側面は竹串で削り、ボソボソした感じにする。

3 ホイッピングで余ったワックスにライトブラウンの顔料を加え、筆先を浸して表面と裏面を塗る。

4 温かいうちに、ホイッピングしたホイップクリーム用のワックスをのせ、スプーンでのばす。

5 4枚のイチゴスライスを1ヶ所に並べる。

6 竹串で切り目を入れ、後からカットする線を決めておく。

7 イチゴスライスを隠すように、ホイップクリーム用のワックスをのせる。

8 イチゴがないエリアにもワックスをのせて高さを揃え、均一に厚みをつける。

9 ホイップクリームの上に2段目のスポンジをのせる。

10 縁からはみ出たクリームの部分
に、刻んでおいたピスタチオをつ
ける。

11 余ったホイップクリーム用の
ワックスを丸くこねて、ケーキの
上に5ヶ所のせる。

12 イチゴやブルーベリー、クランベ
リー、ミントをクリームの上に自
由にデコレーション。

13 スケッパーをヒートガンで温め、
6で入れた線に沿って垂直に
カットする。お好みで3箇所に竹
串で穴をあけたら、座金をつけた
芯を通す。

14 カットした側面はツルツルに
なっているので、竹串でボソボソ
になるように削り、リアルさを表
現する。

15 お好みの位置に竹串で穴をあけ
て、芯を通す。一度溶かして固形
にしたステアリン酸をおろし器で
削り、お好みで振りかけたら完成。

完成！

Point! 長めの芯はクルクルと丸めてかわいく！

出来上がったキャンド
ルに火を灯す時は、必
ず芯を1cmに短く切っ
てから使用します。も
しディスプレイ専用で
作った場合は、芯の先
端を長くしたまま竹串
でクルクルと丸めると、
よりかわいらしい雰囲
気に仕上がります。

キャンドルの販売について

キャンドルは日本だと「雑貨」扱いになるため、細かい配合成分などを記載しなくても、気軽に販売しやすいアイテムです。そのため、手作りしたキャンドルを手作り専門の通販サイトやハンドメイドマーケットで販売している人も多くいらっしゃいます。ただし、キャンドルは火を灯すものになるため危険も生じやすく、安全面には十分注意することが大切です。芯の太さ、使うワックスの種類など、正しいキャンドルの知識を持った上で、安全に取り扱いましょう。

🕯 著者のキャンドル教室

candle studio pieni takka

（キャンドルスタジオ　ピエニタッカ）

東京・表参道にあるキャンドル教室「pieni takka」は、生徒さんたちにとって温かく我が家のような場所。心地よくキャンドル作りが楽しめる、アットホームなレッスンを心掛けています。たくさんのお花とかわいいキャンドルに囲まれたカントリーテイストな空間で、キャンドル作りの基礎から技術の必要な応用テクニックまで、幅広いスキルを習得できます。本教室で資格を取得後は、ご自身で教室をオープンされる卒業生やワークショップなどで活躍される卒業生も多くいらっしゃいます。また、pieni takkaでは、シーズンごとにさまざまなキャンドルレッスンを開催しているのも特徴の一つです。オリジナリティ溢れ、心ときめくかわいいキャンドル作りは、ぜひpieni takkaにお任せください。

おわりに

かわいらしい森の中のお散歩は楽しんでいただけましたか?

キャンドルは私たちを夢中にさせるだけでなく、
今まで見たことのない世界へと連れていってくれます。

溶かして固めるだけでなく、手で好きな形にこねたり、
出来上がったキャンドルを鑑賞したり、灯したり。
頭の中のアイデアを自由に形にしていくことで
たくさんの喜びや感動があります。

「感性を形にしたい」という夢に向かって
キャンドルを作ってみようと決めたあの日から、
私の人生はたくさんの出逢いに恵まれ、大きく変わりました。
pieni takka に来てくださる生徒の皆さんとも、
和気あいあいとおしゃべりをしながら、キャンドル作りを楽しむ日々です。

そんな中、本の出版のお話をいただいた時は、
驚きと嬉しさで胸がいっぱいになったことを覚えています。
撮影では、編集者さん、カメラマンの漆戸美保さん、アシスタントの犬飼綾菜さんと
笑顔の絶えない楽しい時間を過ごしました。
撮影がすべて終わった日の夜は、幸せな余韻がずっと残っていたほど。

また、私の描いたイラストをかわいくデザインしてくださった制作さん、
執筆協力してくださった大場敬子さん、校閲の寺﨑直子さんもありがとうございました。
撮影に使う小物の木の実などを一緒に拾ってくれた、富山の家族もありがとう。
この本の出版に関わってくださったすべての方に、感謝の気持ちでいっぱいです。

「キャンドルの数だけ天使が舞い降り、幸せになれる」という昔からの言い伝えがあります。
この本を手に取ってくださった方々が、
キャンドルともっと仲良くなって、たくさんの天使達が舞い降りますように。

pieni takka
AYANO

●著者

AYANO

1984年生まれ、富山県出身。2012年からキャンドル作りを始め、2014年8月に東京・表参道にJCA認定校「candle studio pieni takka（キャンドルスタジオ　ピエニタッカ）」を開校。温かみのある北欧テイストな教室では、オリジナリティ溢れたキャンドルレッスンを日々開催。アットホームな雰囲気の中、ここでしか製作出来ないかわいらしいキャンドル作りが楽しめるため全国から生徒が多く集まる。2020年～2021年ムーミンバレーパークにて、キャンドルワークショップ監修、ワークショップ開催。第29回国際平和美術展（東京芸術劇場、ニューヨーク　カーネギーホール）に作品展示。

candle studio pieni takka
キャンドルスタジオ　ピエニタッカ

Instagram：@candle_studio_pieni_takka
HP：http://pieni-takka.com

●イラスト：AYANO
●撮影：漆戸美保
●撮影アシスタント：犬飼綾奈
●執筆協力：大場敬子
●校閲：寺﨑直子
●背景協力：モールテックス背景板「大喜舎」

●キャンドルの材料・道具が買えるお店
・オンラインショップ
日本キャンドル協会（JCA）キャンドル資材ショップ
http://shop-candle.com

・店舗
カメヤマキャンドルハウス青山店
住所：〒107-0062　東京都港区南青山4-25-12
営業時間：11時～19時
　　　　　（12月は無休　※年末年始を除く）
https://k-design.kameyama.co.jp

手ごねで作る
ほっこりかわいいキャンドル

発行日　2021年12月16日　　　　第1版第1刷

著　者　AYANO

発行者　斉藤　和邦
発行所　株式会社　秀和システム
　　　　〒135-0016
　　　　東京都江東区東陽2-4-2　新宮ビル2F
　　　　Tel 03-6264-3105（販売）Fax 03-6264-3094
印刷所　三松堂印刷株式会社　　　　　Printed in Japan

ISBN978-4-7980-6638-7 C0076